U0263689

奇异摄动丛书　2

奇异摄动边界层和内层理论

刘树德　鲁世平　姚静荪　陈怀军　著

科学出版社

北　京

内 容 简 介

　　奇异摄动问题的边界层和内层理论主要介绍常微分方程、泛函微分方程和偏微分方程的初值、边值问题的解所出现的初始层、边界层和内层现象. 利用伸长变量、匹配原理、多重尺度、合成展开等方法构造问题的形式渐近解，以及引用极值原理、能量积分、先验估计、上下解理论和不动点原理等理论证明了相关渐近解的一致有效性.

　　本书可供数学、力学、物理学以及其他学科和工程技术方面的研究人员、高等院校教师、本科高年级学生和研究生阅读.

图书在版编目(CIP)数据

奇异摄动边界层和内层理论/刘树德等著. —北京: 科学出版社, 2012
(奇异摄动丛书/张伟江主编)
ISBN 978-7-03-033366-7

Ⅰ.①奇… Ⅱ.①刘… Ⅲ.①摄动-研究 Ⅳ.①O177

中国版本图书馆 CIP 数据核字(2012) 第 007166 号

责任编辑: 王丽平 房　阳/责任校对: 陈玉凤
责任印制: 吴兆东/封面设计: 耕　者

*科学出版社*出版
北京东黄城根北街 16 号
邮政编码: 100717
http://www.sciencep.com

北京厚诚则铭印刷科技有限公司印刷
科学出版社发行 各地新华书店经销

*

2012 年 1 月第　一　版　　开本: 720×1000 1/16
2025 年 1 月第四次印刷　　印张: 10 1/2
字数: 194 000

定价: 68.00 元
(如有印装质量问题, 我社负责调换)

《奇异摄动丛书》序言

科学家之所以受到世人的尊敬, 除了因为世人都享受到了科学发明的恩惠之外, 还因为人们为科学家追求真理的执着精神而感动. 而数学家又更为世人所折服, 能在如此深奥、复杂、抽象的数学天地里遨游的人着实难能可贵, 抽象的符号、公式、推理和运算已成了当今所有学科不可缺少的内核了, 人们在享受各种科学成果时, 同样也在享受内在的数学原理与演绎的恩泽. 奇异摄动理论与应用是数学和工程融合的一个奇葩, 它出人意料地涉足许多无法想象的奇观, 处理人们原来常常忽略却又无法预测的奇特. 于是其名字也另有一问, 为 "奇异摄动"(Singular Perturbation).

20 世纪 40 年代, 科学先驱钱伟长等已对奇异摄动作了许多研究, 并成功地应用于力学等方面. 20 世纪 50 年代后, 中国出现了一大批专攻奇异摄动理论和应用的学者, 如著名的学者郭永怀, 在空间技术方面作出了巨大贡献, 苏煜城教授留苏回国后开创我国奇异摄动问题的数值计算研究, 美国柯朗研究所、美籍华裔丁汝教授在 1980 年间奔波上海、西安、北京, 讲授奇异摄动理论及应用 ······1979 年, 钱伟长教授发起并组织在上海召开了 "全国第一次奇异摄动讨论会".

可贵的是坚韧. 此后, 虽然起起伏伏, 但是开拓依旧. 2005 年 8 月在上海交通大学、华东师范大学、上海大学组织下, 我们又召开了 "全国奇异摄动学术研讨会", 并且一发而不可止. 此后每年都召开全国性学术会议, 汇集国内各方学者研究讨论. 2010 年 6 月在中国数学会、上海市教委 E- 研究院和上海交通大学支持下, 在上海召开了世界上第一次 "奇异摄动理论及其应用国际学术大会". 该领域国际权威人士 Robert O'Malley(华盛顿大学), John J H Miller(爱尔兰 Trinity 学院) 等都临会, 并作学术报告.

更可喜的是经过学者们的努力, 在 2007 年 10 月, 中国数学会批准成立中国数学会奇异摄动专业委员会, 学术研究与合作的旗帜终于在华夏大地飘起.

难得的是慧眼识英雄. 科学出版社王丽平同志敏锐地觉察到了奇异摄动方向的成就和作用, 将出版奇异摄动丛书一事提到了议事日程, 并立刻得到学者们的赞同. 于是, 本丛书中的各卷将陆续呈现于读者面前.

作序除了简要介绍一下来历之外, 更是想表达对近七十年来中国学者们在奇异摄动理论和应用方面所作出巨大贡献的敬意. 中国科技创新与攀登少不了基础理论的支持, 更少不了坚持不懈精神的支撑.

但愿成功!

张伟江博士

中国数学会奇异摄动专业委员会理事长

2011 年 11 月

前　　言

本书是《奇异摄动丛书》的一本分册，是在《奇异摄动丛书》编委会的统一安排和指导下进行编写的.

本书主要讨论常微分方程、泛函微分方程和偏微分方程的初值、边值问题的解所出现的初始层、边界层和内层现象. 利用伸长变量、匹配原理、多重尺度、合成展开等方法构造问题的形式渐近解，以及引用极值原理、能量积分、先验估计、上下解理论和不动点原理等理论证明了相关渐近解的一致有效性.

本书共分 6 章，第 1 章介绍边界层函数法；第 2 章涉及常微分方程中定解问题的边界层解的渐近表示式；第 3 章讨论内层解的渐近表示式；第 4 章介绍泛函微分方程的基本概念及其有关的边界层解；第 5 章讨论偏微分方程定解问题中的边界层和内部层解；第 6 章是介绍几个有关边界层和内层解的实际应用方面的实例. 第 1～3 章主要由刘树德教授撰写；第 4 章主要由鲁世平教授撰写；第 5, 6 章主要由姚静荪教授和陈怀军副教授撰写. 编写组成员始终在共同的目标下相互关心，团结一致，尽心尽力地认真进行编写工作.

在本书的撰写过程中，一直受到安徽师范大学校方和有关部门，以及数学计算机科学学院的领导和全体教职工的关心和支持. 感谢莫嘉琪教授对本书的撰写所作的贡献. 特别感谢科学出版社王丽平老师对本书出版的关心和支持.

由于本书撰写人员的水平有限，疏漏和不足之处在所难免，恳请各界同仁提出批评意见.

作者

安徽师范大学

2011 年 11 月

前　言

目　　录

第1章 绪 论

在工程技术和科学问题的应用领域中, 会出现各类边界层和内层现象. 例如, 与内壁毗连的黏性边界层, 接近均匀负载薄壳建筑物受到影响的边缘层, 因热造成的热流边界层, 可压缩气体动力学中的内激波层, 嵌入处理半导体杂物扩散的内杂质层, 热量与质量转换的反应层以及出现在电流、悬浮流等耦合物理问题中的层现象等. 由于问题的非线性、非均匀性和边界条件的一般性, 人们通常只能求其近似分析解, 而各种摄动方法则是求近似分析解的有力手段. 通过对边界层或内层的构造, 往往能看出其中物理参数对解的影响, 有助于弄清解的解析结构, 更重要的是能够提供准确的近似解, 甚至还能启示一条改善数值解的途径.

有许多方法可用于处理边界层和内层问题, 其中包括界定函数法、匹配渐近展开法、多尺度方法和合成展开法等. 下面通过例子来阐释构造奇异摄动问题渐近解的几种常用方法.

1.1 界定函数法

考虑一阶微分方程的初值问题

$$x' = f(t, x), \quad x(a) = A, \tag{1.1.1}$$

其中函数 $f(t, x)$ 在区域 $[a, b] \times \mathbf{R}$ 上连续且有界. 根据解的存在性定理及延拓定理可知, 初值问题 (1.1.1) 的解 $x = \varphi(t)$ 在整个区间 $[a, b]$ 上存在. 进一步, 为了给出 $\varphi(t)$ 在 $[a, b]$ 上的一个估计, 可以应用一阶微分不等式理论. 由比较定理[1] 容易推出如下引理:

引理 1.1.1 设函数 $\alpha(t), \beta(t) \in C^1[a, b]$ 且 $\alpha(t) \leqslant \beta(t)$, 函数 $f(t, x)$ 在区域 $a \leqslant t \leqslant b, \alpha(t) \leqslant x \leqslant \beta(t)$ 上连续. 若 $\alpha(t)$ 和 $\beta(t)$ 在 $[a, b]$ 上分别满足微分不等式

$$\alpha'(t) \leqslant f(t, \alpha(t))$$

和

$$\beta'(t) \geqslant f(t, \beta(t)),$$

则对任何满足 $\alpha(a) \leqslant A \leqslant \beta(a)$ 的常数 A, 初值问题 (1.1.1) 在区间 $[a, b]$ 上总有一个解 $x = x(t)$, 并成立不等式

$$\alpha(t) \leqslant x \leqslant \beta(t).$$

把 $\alpha(t)$ 和 $\beta(t)$ 称为初值问题 (1.1.1) 的一对界定函数, 这种确定解的存在性并对解作出估计的方法称为界定函数法或上下解方法.

下面用界定函数法来讨论奇异摄动一阶微分方程的初值问题

$$\varepsilon x' = f(t, x, \varepsilon), \quad 0 < t \leqslant T, \tag{1.1.2}$$

$$x(0, \varepsilon) = x_0, \tag{1.1.3}$$

其中 $\varepsilon > 0$ 为小参数, $x_0 > 0, T > 0$ 为常数. 假设

(H$_1$) 在 $(0, T]$ 上, $f(t, 0, 0) \equiv 0$, 并且存在正常数 l, 使得

$$0 \leqslant f(t, 0, \varepsilon) < l\varepsilon;$$

(H$_2$) 函数 $f(t, x)$ 在 $[a, b] \times \mathbf{R}$ 上对 t 连续, 对 x 具有 $n(n \geqslant 1)$ 阶连续的导数, 并且存在正常数 $k > 0$, 使得

$$\frac{\partial^j f}{\partial x^j}(t, 0, \varepsilon) \leqslant 0, \quad j = 0, 1, 2, \cdots, n-1$$

及

$$\frac{\partial^n f}{\partial x^n}(t, x, \varepsilon) \leqslant -k < 0.$$

在上述假设下, 显然, 退化方程

$$f(t, u, 0) = 0$$

有零解 $u = 0 \, (0 < t \leqslant T)$. 若取界定函数 $\alpha(t, \varepsilon) = 0 \, (0 \leqslant t \leqslant T)$, 则

$$\varepsilon \alpha' - f(t, \alpha, \varepsilon) = -f(t, 0, \varepsilon) \leqslant 0.$$

于是只要选取界定函数 $\beta(t, \varepsilon) > 0$, 使得

$$\varepsilon \beta' - f(t, \beta, \varepsilon) \geqslant 0, \quad \beta(0, \varepsilon) \geqslant x_0. \tag{1.1.4}$$

当 $n = 1$ 时, 可取 $\beta(t, \varepsilon) = v(t, \varepsilon) + r_1 \varepsilon$, 其中 $r_1 > 0$ 为待定常数. 由于

$$\begin{aligned}
\varepsilon \beta' - f(t, \beta, \varepsilon) &= \varepsilon \beta' - f(t, 0, \varepsilon) - \frac{\partial f}{\partial x}(t, \theta_1 \beta, \varepsilon) \\
&\geqslant \varepsilon \beta' - l\varepsilon + k\beta = \varepsilon v' + kv + (kr_1 - l)\varepsilon, \quad 0 < \theta_1 < 1,
\end{aligned}$$

若令 $\varepsilon v' + kv = 0$, 使得 $v(0, \varepsilon) = x_0$, 即 $v(t, \varepsilon) = x_0 \exp\left(-\dfrac{kt}{\varepsilon}\right)$, 则只要取 $r_1 \geqslant \dfrac{l}{k}$, 就使 (1.1.4) 成立.

当 $n > 1$ 时, 可取 $\beta(t, \varepsilon) = v(t, \varepsilon) + (r_2 \varepsilon)^{1/n}$, 其中 $r_2 > 0$ 为待定常数. 由于

$$\varepsilon \beta' - f(t, \beta, \varepsilon) = \varepsilon \beta' - f(t, 0, \varepsilon) - \frac{\partial f}{\partial x}(t, 0, \varepsilon)\beta - \cdots$$

$$-\frac{1}{(n-1)!}\frac{\partial^{n-1}f}{\partial x^{n-1}}(t,0,\varepsilon)\beta^{n-1}-\frac{1}{n!}\frac{\partial^{n}f}{\partial x^{n}}(t,\theta_2\beta,\varepsilon)\beta^{n}$$

$$\geqslant \varepsilon\beta'-l\varepsilon+\frac{k}{n!}\beta^{n}$$

$$\geqslant \varepsilon v'+\frac{k}{n!}v^{n}+\left(\frac{kr_2}{n!}-l\right)\varepsilon,\quad 0<\theta_2<1,$$

若令 $\varepsilon v'+\dfrac{k}{n!}v^{n}=0$, 使得 $v(0,\varepsilon)=x_0$, 可解出

$$v(t,\varepsilon)=x_0\left[1+\frac{k(n-1)x_0^{n-1}t}{\varepsilon n!}\right]^{-\frac{1}{n-1}},$$

则只要取 $r_2\geqslant\dfrac{l}{k}n!$, 就使 (1.1.4) 成立.

于是得到如下定理:

定理 1.1.1　在 (H_1) 和 (H_2) 的假设下, 初值问题 (1.1.2), (1.1.3) 在区间 $[0,T]$ 上存在一个解 $x=x(t,\varepsilon)$, 并且满足不等式

$$0\leqslant x(t,\varepsilon)\leqslant v(t,\varepsilon)+O(\varepsilon^{\frac{1}{n}}),$$

其中当 $n=1$ 时,

$$v(t,\varepsilon)=x_0\exp\left(-\frac{kt}{\varepsilon}\right);$$

当 $n>1$ 时,

$$v(t,\varepsilon)=x_0\left[1+\frac{k(n-1)x_0^{n-1}t}{\varepsilon n!}\right]^{-\frac{1}{n-1}}.$$

注 1.1.1　若退化方程 $f(t,u,0)=0$ 有一个非平凡解 $u=u(t)$, 则通过变量替换 $y=x-u(t)$, 将问题化为

$$\varepsilon y'=f(t,u(t)+y,\varepsilon)-\varepsilon u'(t),\quad 0<t\leqslant T,$$

$$y(0,\varepsilon)=x_0-u(0),$$

使得

$$F(t,y,\varepsilon)\equiv f(t,u(t)+y,\varepsilon)-\varepsilon u'(t)$$

满足假设 (H_1) 和 (H_2), 并且使得 $x_0-u(0)>0$, 则相应于定理 1.1.1 的结论成立.

1.2　匹配渐近展开法

考虑两点边值问题

$$\varepsilon x''+x'=2t+1,\quad 0<t<1,\tag{1.2.1}$$

$$x(0, \varepsilon) = 1, \quad x(1, \varepsilon) = 0, \tag{1.2.2}$$

其中 $\varepsilon > 0$ 为小参数. 用匹配渐近展开法求其一致有效的渐近展开式.

因为 x' 的系数是正的, 所以可知边界层在 $x = 0$ 处. 寻求如下形式的外展开式:

$$x^\circ = \sum_{j=0}^{\infty} x_j(t)\varepsilon^j, \tag{1.2.3}$$

它应满足 (1.2.2) 中的第二个边界条件. 把 (1.2.3) 代入 (1.2.1) 和 $x(1, \varepsilon) = 0$, 并令 ε^0 的系数相等可得

$$x_0' = 2t + 1, \quad x_0(1) = 0.$$

于是

$$x_0 = t^2 + t - 2$$

且

$$x^\circ = t^2 + t - 2 + \cdots.$$

为寻求内展开式, 在 (1.2.1) 中引进伸长变量 $\xi = \dfrac{t}{\varepsilon^\lambda} (\lambda > 0)$ 得到

$$\varepsilon^{1-2\lambda}\ddot{x} + \varepsilon^{-\lambda}\dot{x} = 2\varepsilon^\lambda \xi + 1,$$

其中 $\dot{x}$ 和 $\ddot{x}$ 分别表示 x 对 ξ 的一阶导数和二阶导数. 当 $\varepsilon \to 0$ 时, 特异极限在 $\lambda = 1$ 时出现, 该方程写为

$$\ddot{x} + \dot{x} = 2\varepsilon^2 \xi + \varepsilon. \tag{1.2.4}$$

设内展开式形式为

$$x^{\mathrm{i}} = \sum_{j=0}^{\infty} X_j(\xi)\varepsilon^j, \tag{1.2.5}$$

它必须满足 (1.2.2) 的第一个边界条件

$$x^{\mathrm{i}}(0, \varepsilon) = 1. \tag{1.2.6}$$

将 (1.2.5) 代入 (1.2.4) 和 (1.2.6), 并令 ε^0 的系数相等可得

$$\ddot{X}_0 + \dot{X}_0 = 0, \quad X_0(0) = 1.$$

于是

$$X_0 = 1 + C_0[1 - \exp(-\xi)]$$

且

$$x^{\mathrm{i}} = 1 + C_0[1 - \exp(-\xi)] + \cdots.$$

根据 Van Dyke 匹配原则[2] 来匹配 x^o 和 x^i 的 $O(1)$ 项. 由于

$$(x^o)^i = -2, \quad (x^i)^o = 1 + C_0,$$

故得 $-2 = 1 + C_0$, 从而定出 $C_0 = -3$. 由此构成一项复合展开式

$$\begin{aligned} x^c &= x^o + x^i - (x^o)^i \\ &= t^2 + t - 2 + 3\exp(-\xi), \end{aligned}$$

所以

$$x(t, \varepsilon) = t^2 + t - 2 + 3\exp\left(-\frac{t}{\varepsilon}\right) + \cdots. \tag{1.2.7}$$

为了说明 (1.2.7) 的一致有效性, 求出问题 (1.2.1), (1.2.2) 的精确解, 得到

$$x(t, \varepsilon) = t^2 + (1 - 2\varepsilon)t + \frac{-2 + 2\varepsilon - \exp\left(-\dfrac{1}{\varepsilon}\right) + (3 - 2\varepsilon)\exp\left(-\dfrac{t}{\varepsilon}\right)}{1 - \exp\left(-\dfrac{1}{\varepsilon}\right)}.$$

注意到当 $\varepsilon \to 0$ 时, $\exp\left(-\dfrac{1}{\varepsilon}\right)$ 为指数型小项 (记作 EST), 故上式可写为

$$x(t, \varepsilon) = t^2 + t - 2 + 3\exp\left(-\frac{t}{\varepsilon}\right) + O(\varepsilon), \quad \varepsilon \to 0.$$

可见, (1.2.7) 是精确解的一致有效的 $O(\varepsilon)$ 阶近似.

注 1.2.1 Van Dyke 匹配原则表述如下: n 项外展开式的 m 项内展开式等于 m 项内展开式的 n 项外展开式. 以本节的问题为例, 将一项外展开式和一项内展开式按如下程序进行匹配:

一项外展开式

$$x_0(t) = t^2 + t - 2,$$

用内变量改写为

$$x_0(\xi\varepsilon) = (\xi\varepsilon)^2 + \xi\varepsilon - 2,$$

对小的 ε 展开为

$$x_0(\xi\varepsilon) = -2 + \xi\varepsilon + \xi^2\varepsilon^2. \tag{1.2.8}$$

同样地, 一项内展开式

$$X_0(\xi) = 1 + C_0[1 - \exp(-\xi)].$$

用外变量改写为

$$X_0\left(\frac{t}{\varepsilon}\right) = 1 + C_0\left[1 - \exp\left(-\frac{t}{\varepsilon}\right)\right],$$

对小的 ε 展开为

$$X_0\left(\frac{t}{\varepsilon}\right) = 1 + C_0 + \text{EST.} \tag{1.2.9}$$

令式 (1.2.8), (1.2.9) 的 $O(1)$ 项相等得 $-2 = 1 + C_0$, 从而得出 $C_0 = -3$.

1.3   多尺度方法

仍考虑问题 (1.2.1), (1.2.2), 用多尺度方法寻求如下形式的渐近展开式:

$$x(t,\varepsilon) = x_0(\xi,\eta) + \varepsilon x_1(\xi,\eta) + \cdots, \tag{1.3.1}$$

其中

$$\xi = \frac{t}{\varepsilon}, \quad \eta = t$$

分别为内、外两个变量所选用的尺度. 由于

$$\frac{\mathrm{d}}{\mathrm{d}t} = \frac{1}{\varepsilon}\frac{\partial}{\partial \xi} + \frac{\partial}{\partial \eta},$$

$$\frac{\mathrm{d}^2}{\mathrm{d}t^2} = \frac{1}{\varepsilon^2}\frac{\partial^2}{\partial \xi^2} + \frac{2}{\varepsilon}\frac{\partial^2}{\partial \xi \partial \eta} + \frac{\partial^2}{\partial \eta^2},$$

所以 (1.2.1) 可改写为

$$\frac{1}{\varepsilon}\frac{\partial^2 x}{\partial \xi^2} + 2\frac{\partial^2 x}{\partial \xi \partial \eta} + \varepsilon\frac{\partial^2 x}{\partial \eta^2} + \frac{1}{\varepsilon}\frac{\partial x}{\partial \xi} + \frac{\partial x}{\partial \eta} = 2\eta + 1$$

或

$$\frac{\partial^2 x}{\partial \xi^2} + \frac{\partial x}{\partial \xi} = \varepsilon\left(2\eta + 1 - 2\frac{\partial^2 x}{\partial \xi \partial \eta} - \frac{\partial x}{\partial \eta}\right) - \varepsilon^2\frac{\partial^2 x}{\partial \eta^2}. \tag{1.3.2}$$

将 (1.3.1) 代入 (1.3.2), 并令 ε 同次幂的系数相等得到

$$\frac{\partial^2 x_0}{\partial \xi^2} + \frac{\partial x_0}{\partial \xi} = 0 \tag{1.3.3}$$

及

$$\frac{\partial^2 x_1}{\partial \xi^2} + \frac{\partial x_1}{\partial \xi} = 2\eta + 1 - 2\frac{\partial^2 x_0}{\partial \xi \partial \eta} - \frac{\partial x_0}{\partial \eta}. \tag{1.3.4}$$

(1.3.3) 的通解为

$$x_0 = A(\eta) + B(\eta)\exp(-\xi).$$

将它代入 (1.3.4) 得

$$\frac{\partial^2 x_1}{\partial \xi^2} + \frac{\partial x_1}{\partial \xi} = 2\eta + 1 - A' + B'\exp(-\xi). \tag{1.3.5}$$

(1.3.5) 的一个特解为

$$\bar{x}_1 = (2\eta + 1 - A')\xi - B'\xi\exp(-\xi).$$

为使 $\dfrac{x_1}{x_0}$ 都对所有 $\xi \geqslant 0$ 都有界, 必须

$$2\eta + 1 - A' = 0 \quad \text{且} \quad B' = 0.$$

因此,

$$A = \eta^2 + \eta + a, \quad B = b,$$

其中 a 和 b 为积分常数, 于是

$$x_0 = \eta^2 + \eta + a + b\exp(-\xi).$$

将它代入 (1.3.1), 并代回原变量得

$$x = t^2 + t + a + b\exp\left(-\frac{t}{\varepsilon}\right). \tag{1.3.6}$$

再把 (1.3.6) 代入边界条件 (1.2.2) 有

$$a + b = 1 \quad \text{及} \quad 2 + a + \text{EST} = 0,$$

从而得出 $a = -2$ 及 $b = 3$, 于是 (1.3.6) 写为

$$x = t^2 + t - 2 + 3\exp\left(-\frac{t}{\varepsilon}\right) + \cdots.$$

这与式 (1.2.7) 是一致的.

1.4 合成展开法

考虑两点边值问题

$$\varepsilon^2 x'' + \varepsilon t x' - x = -\exp(t), \quad 0 < t < 1, \tag{1.4.1}$$

$$x(0, \varepsilon) = 2, \quad x(1, \varepsilon) = 1, \tag{1.4.2}$$

其中 $\varepsilon > 0$ 为小参数. 用合成展开法求其一致有效的渐近展开式. 将外部解

$$U(t, \varepsilon) = \sum_{j=0}^{\infty} u_j(t)\varepsilon^j$$

代入方程 (1.4.1), 并令 ε^0 的系数相等得到

$$u_0(t) = \exp(t).$$

$u_0(t)$ 显然不满足 (1.4.2) 中的任何一个边界条件, 需要在 $t = 0$ 和 $t = 1$ 处构造边界层校正项. 先在 $t = 0$ 处引入伸长变量 $\xi = \dfrac{t}{\varepsilon}$, 构造校正项

$$V(\xi, \varepsilon) = \sum_{j=0}^{\infty} v_j(\xi)\varepsilon^j,$$

并将合成展开式

$$U(t, \varepsilon) + V(\xi, \varepsilon)$$

代入 (1.4.1) 和 $x(0, \varepsilon) = 2$, 令 ε^0 的系数相等可得

$$\frac{\mathrm{d}^2 v_0}{\mathrm{d}\xi^2} - v_0 = 0, \quad v_0(0) = 1. \tag{1.4.3}$$

此外, 校正项 $v_0(\xi)$ 应满足

$$v_0(+\infty) = 0. \tag{1.4.4}$$

从 (1.4.3) , (1.4.4) 中解出

$$v_0(\xi) = \exp(-\xi).$$

再在 $t = 1$ 处引入伸长变量 $\eta = \dfrac{1-t}{\varepsilon}$, 构造校正项

$$W(\eta, \varepsilon) = \sum_{j=0}^{\infty} w_j(\eta)\varepsilon^j,$$

并将合成展开式

$$U(t, \varepsilon) + W(\eta, \varepsilon)$$

代入 (1.4.1) 和 $x(1, \varepsilon) = 1$, 令 ε^0 的系数相等可得

$$\frac{\mathrm{d}^2 w_0}{\mathrm{d}\eta^2} - \frac{\mathrm{d}w_0}{\mathrm{d}\eta} - w_0 = 0, \quad w_0(0) = 1 - \mathrm{e}, \tag{1.4.5}$$

并且校正项 $w_0(\eta)$ 应满足

$$w_0(+\infty) = 0. \tag{1.4.6}$$

从 (1.4.5), (1.4.6) 中解出

$$w_0(\eta) = (1 - \mathrm{e})\exp\left(-\frac{\sqrt{5}-1}{2}\eta\right).$$

由此构成一项复合展开式

$$x(t,\varepsilon) = \exp(t) + \exp\left(-\frac{t}{\varepsilon}\right) + \exp\left(-\frac{\sqrt{5}-1}{2\varepsilon}(1-t)\right) + \cdots,$$

这与 Holmes[3] 用匹配渐近展开法构造的结果是一致的.

第 2 章　边界层问题

2.1　二阶线性边值问题

考虑二阶线性边值问题

$$\varepsilon x'' + a(t)x' + b(t)x = f(t), \tag{2.1.1}$$

$$x(0,\varepsilon) = A, \quad x(1,\varepsilon) = B, \tag{2.1.2}$$

其中 $0 < \varepsilon \ll 1$, $a(t), b(t)$ 和 $f(t)$ 都是 $[0,1]$ 上的连续函数.

在第 1 章讲述了几种处理边界层问题的常用方法. 具体做法是先寻求 (2.1.1), (2.1.2) 的直接展开式 (也称为外展开式或外部解). 令

$$x = \sum_{j=0}^{\infty} x_j(t)\varepsilon^j,$$

得到如下的摄动问题:

$$a(t)x_0' + b(t)x_0 = f(t),$$

$$x_0(0) = A, \quad x_0(1) = B,$$

以及

$$a(t)x_j' + b(t)x_j' = -x_{j-1}'', \quad j \geqslant 1,$$

$$x_j(0) = 0, \quad x_j(1) = 0.$$

显然, 所有的摄动方程都是一阶的, 它们的解一般不可能同时满足两个边界条件, 因此, 其中一个边界条件必须丢弃, 致使直接展开式在丢弃了边界条件的那个边界失效. 至于哪个边界条件必须丢弃的问题, 既可从物理的实际背景考虑, 也可用数学方法确定.

Nayfeh 采用匹配渐近展开法[2] 对此作了详细讨论. 结果表明:

若在区间 $[0,1]$ 上 $a(t) > 0$, 则问题 (2.1.1), (2.1.2) 会在左端点附近出现边界层, 其直接展开式应满足右端点处的边界条件;

若在区间 $[0,1]$ 上 $a(t) < 0$, 则问题 (2.1.1), (2.1.2) 会在右端点附近出现边界层, 其直接展开式应满足左端点处的边界条件;

若 $a(t)$ 在区间 $(0,1)$ 内有零点, 则该零点通常称为转向点, 这时可能会出现内层现象. 将在第 3 章讨论这类问题.

一些作者在适当的假设下, 采用不同的摄动方法构造问题的渐近解[2～6], 得到一些有用的结果. 例如, O'Malley 指出[6], 如果二阶齐次线性方程

$$\varepsilon x'' + a(t)x' + b(t)x = 0, \quad 0 < t < 1 \tag{2.1.3}$$

的系数 $a(t), b(t) \in C^{\infty}[0,1]$, 并且 $a(t) \geqslant a_0 > 0$, 则方程 (2.1.3) 有如下形式的两个线性无关的渐近解:

$$x_1(t,\varepsilon) = \varphi(t,\varepsilon), \quad x_2(t,\varepsilon) = \psi(t,\varepsilon) \exp\left(-\frac{1}{\varepsilon}\int_0^t a(s)\mathrm{d}s\right),$$

其中 φ 和 ψ 当 $\varepsilon \to 0$ 时具有如下渐近级数展开式:

$$\varphi(t,\varepsilon) \sim \sum_{j=0}^{\infty} \varphi_j(t)\varepsilon^j, \quad \varphi(0,\varepsilon) = 1,$$

$$\psi(t,\varepsilon) \sim \sum_{j=0}^{\infty} \psi_j(t)\varepsilon^j, \quad \psi(0,\varepsilon) = 1.$$

应用上述结果, 寻求边值问题

$$\varepsilon x'' + tx' - tx = 0, \quad 0 < t < 1, \tag{2.1.4}$$

$$x(0,\varepsilon) = A, \quad x(1,\varepsilon) = B \tag{2.1.5}$$

的渐近解. 它可表示为

$$x(t,\varepsilon) = c_1(\varepsilon)\varphi(t,\varepsilon) + c_2(\varepsilon)\psi(t,\varepsilon) \exp\left(-\frac{t^2}{2\varepsilon}\right).$$

将它代入边界条件 (2.1.5) 得

$$c_1(\varepsilon) + c_2(\varepsilon) = A,$$

$$c_1(\varepsilon)\varphi(1,\varepsilon) + c_2(\varepsilon)\psi(1,\varepsilon) \exp\left(-\frac{1}{2\varepsilon}\right) = B.$$

由 $\exp\left(-\dfrac{1}{2\varepsilon}\right)$ 当 $\varepsilon \to 0$ 时为 EST 可知 $\varphi(1,\varepsilon) \neq 0$, 并且

$$c_1(\varepsilon) = \frac{B}{\varphi(1,\varepsilon)} + O\left(\exp\left(-\frac{1}{2\varepsilon}\right)\right), \quad c_2(\varepsilon) = A - \frac{B}{\varphi(1,\varepsilon)} + O\left(\exp\left(-\frac{1}{2\varepsilon}\right)\right),$$

因此, (2.1.4), (2.1.5) 的唯一解具有形式

$$x(t,\varepsilon) = \bar{\varphi}(t,\varepsilon) + \bar{\psi}(t,\varepsilon)\exp\left(-\frac{t^2}{2\varepsilon}\right),\tag{2.1.6}$$

其中

$$\bar{\varphi}(t,\varepsilon) = \frac{B}{\varphi(1,\varepsilon)}\varphi(t,\varepsilon) + O\left(\exp\left(-\frac{1}{2\varepsilon}\right)\right),$$

$$\bar{\psi}(t,\varepsilon) = \left[A - \frac{B}{\varphi(1,\varepsilon)}\right]\psi(t,\varepsilon) + O\left(\exp\left(-\frac{1}{2\varepsilon}\right)\right).$$

为了得到 (2.1.4), (2.1.5) 的零次近似, 注意到 $\bar{\varphi}(t,0)$ 满足退化问题

$$tu' - tu = 0, \quad 0 < t < 1,$$

$$u(1) = B,$$

解得

$$\bar{\varphi}(t,0) = B\exp(t-1).$$

而校正项 $\psi(\sqrt{\varepsilon}\xi,\varepsilon)\exp\left(-\frac{\xi^2}{2}\right)\left(\xi=\frac{t}{\sqrt{\varepsilon}}\right)$ 的零次近似 $v(\xi)$ 满足

$$\ddot{v} + \xi\dot{v} = 0,$$

$$v(0) = A - B\exp(-1), \quad v(+\infty) = 0,$$

解得

$$v = [A - B\exp(-1)]\left[1 - \sqrt{\frac{2}{\pi}}\int_0^\xi \exp\left(-\frac{\tau^2}{2}\right)\mathrm{d}\tau\right].$$

于是 (2.1.6) 可写为

$$x(t,\varepsilon) = B\exp(t-1) + [A - B\exp(-1)]\left[1 - \sqrt{\frac{2}{\pi}}\int_0^\xi \exp\left(-\frac{\tau^2}{2}\right)\mathrm{d}\tau\right] + \cdots.$$

这与 Nayfeh[2] 用匹配渐近展开法构造的结果是一致的.

2.2　半线性问题

2.2.1　Dirichlet 问题

考虑边值问题

$$\varepsilon x'' + f(t)x' + g(t,x) = 0, \quad 0 < t < 1,\tag{2.2.1}$$

$$x(0,\varepsilon) = A, \quad x(1,\varepsilon) = B, \tag{2.2.2}$$

其中 $0 < \varepsilon \ll 1$, A, B 为给定常数, 并假设

(H$_1$) $f(t) \in C^\infty[0,1]$, $g(t,x) \in C^\infty([0,1] \times \mathbf{R})$, 并且在 $[0,1]$ 上, $f(t) > 0$;

(H$_2$) 退化问题

$$f(t)u' + g(t,u) = 0, \quad u(1) = B$$

在 $[0,1]$ 上有一个解 $u = u_0(t)$;

(H$_3$) 存在常数 $l > 0$, 使得对介于 $u_0(0)$ 与 A 之间的任意 $x, g_x(0,x) \leqslant -l$.

下面用合成展开法来寻求 (2.2.1), (2.2.2) 的形如

$$x(t,\varepsilon) = U(t,\varepsilon) + V(\xi,\varepsilon)$$

的渐近解, 其中 U 和 V 当 $\varepsilon \to 0$ 时具有如下渐近级数展开式:

$$U(t,\varepsilon) \sim \sum_{j=0}^{\infty} u_j(t)\varepsilon^j, \quad V(\xi,\varepsilon) \sim \sum_{j=0}^{\infty} v_j(\xi)\varepsilon^j,$$

而 $\xi = \dfrac{t}{\varepsilon}$ 为伸长变量, 每个 $v_j(\xi)$ 满足

$$v_j(+\infty) = 0, \quad \dot{v}_j(+\infty) = 0. \tag{2.2.3}$$

1. 形式渐近解的构造

将 $U(t,\varepsilon)$ 代入方程 (2.2.1) 和 $x(1,\varepsilon) = B$, 其中 $g(t,U)$ 写为

$$g(t,U) = g(t,u_0) + g_x(t,u_0)\sum_{j=1}^{\infty} u_j\varepsilon^j + \frac{1}{2!}g_{xx}(t,u_0)\left(\sum_{j=1}^{\infty} u_j\varepsilon^j\right)^2 + \cdots,$$

并比较 ε 的同次幂的系数可得

$$f(t)u_0' + g(t,u_0) = 0, \quad u_0(1) = B \tag{2.2.4}$$

及

$$f(t)u_j' + g_x(t,u_0)u_j = F_{j-1}(t), \quad u_j(1) = 0, j \geqslant 1, \tag{2.2.5}$$

其中 $F_{j-1}(t)$ 为由 $u_0, u_1, \cdots, u_{j-1}$ 逐次确定的已知函数.

由假设 (H$_2$) 知, 问题 (2.2.4) 在 $[0,1]$ 上有一个解 $u_0(t)$, 而 (2.2.5) 中的每个线性初值问题在 $[0,1]$ 上均有唯一解 $u_j(t)$ $(j \geqslant 1)$.

再将 $U(t,\varepsilon) + V(\xi,\varepsilon)$ 代入方程 (2.2.1) 得到

$$\ddot{V} + f(\xi\varepsilon)\dot{V} + \varepsilon[g(\xi\varepsilon, U + V) - g(\xi\varepsilon, U)] = 0$$

或

$$\ddot{V} + f(\xi\varepsilon)\dot{V} + \varepsilon g_x(\xi\varepsilon, U + \theta V)V = 0, \quad 0 < \theta < 1, \tag{2.2.6}$$

其中 $f(\xi\varepsilon)$ 和 $g_x(\xi\varepsilon, U + \theta V)$ 分别写为

$$f(\xi\varepsilon) = f(0) + f'(0)\xi\varepsilon + \frac{1}{2!}f''(0)(\xi\varepsilon)^2 + \cdots,$$

$$g_x(\xi\varepsilon, U + \theta V) = g_x(0, u_0(0) + \theta v_0) + g_{xt}(0, u_0(0) + \theta v_0)\xi\varepsilon$$

$$+ g_{xx}(0, u_0(0) + \theta v_0)\left[\sum_{j=0}^{\infty} u_j\varepsilon^j - u_0(0) + \theta\sum_{j=1}^{\infty} v_j\varepsilon^j\right] + \cdots.$$

在 (2.2.6) 中, 令 ε 的同次幂系数相等可得

$$\ddot{v}_0 + a\dot{v}_0 = 0 \tag{2.2.7}$$

及

$$\ddot{v}_j + a\dot{v}_j = G_{j-1}(\xi), \quad j \geqslant 1, \tag{2.2.8}$$

其中 $a = f(0) > 0$, $G_{j-1}(\xi)$ 为由 $v_0, v_1, \cdots, v_{j-1}$ 逐次确定的已知函数.

同样地, 将 $U(t, \varepsilon) + V(\xi, \varepsilon)$ 代入 $x(0, \varepsilon) = A$ 得到

$$v_0(0) = A - u_0(0) \tag{2.2.9}$$

及

$$v_j(0) = -u_j(0), \quad j \geqslant 1. \tag{2.2.10}$$

利用 (2.2.3), 从 (2.2.7), (2.2.9) 及 (2.2.8), (2.2.10) 可以确定

$$v_0(\xi) = [A - u_0(0)]\exp(-a\xi)$$

及

$$v_j(\xi) = -u_j(0)\exp(-a\xi) - \int_0^{\xi} \exp[-a(\xi - r)]\int_r^{+\infty} G_{j-1}(s)\mathrm{d}s\mathrm{d}r, \quad j \geqslant 1.$$

易知

$$v_0(\xi) = O(\exp(-a\xi)), \quad \xi \to +\infty, \tag{2.2.11}$$

进而对任意的 $\delta > 0$, 可取 $\delta_0: 0 < \delta_0 < \delta$, 使得

$$|G_0(\xi)| \leqslant M_0 \exp(-a(1 - \delta_0)\xi).$$

于是

$$|v_1(\xi)| \leqslant |u_1(0)|\exp(-a\xi)$$

$$+ \frac{M_0}{a^2 \delta_0 (1 - \delta_0)} [\exp(-a(1 - \delta_0)\xi) - \exp(-a\xi)]$$

$$\leqslant \bar{M}_0 \exp(-a(1 - \delta_0)\xi),$$

其中 M_0, $\bar{M}_0$ 为正常数.

继续用同样的方法, 可取 $\{\delta_j\}$: $0 < \delta_0 < \delta_1 < \cdots < \delta$, 则存在相应的 $M_j > 0$, 使得

$$|G_j(\xi)| \leqslant M_j \exp(-a(1 - \delta_j)\xi),$$

于是有

$$|v_{j+1}(\xi)| \leqslant \bar{M}_j \exp(-a(1 - \delta_j)\xi).$$

因此, 对任意 $\delta > 0$, 总有

$$v_j(\xi) = O(\exp(-a(1 - \delta)\xi)), \quad \xi \to +\infty, j \geqslant 1. \tag{2.2.12}$$

至此, 已构造出问题 (2.2.1), (2.2.2) 的形式渐近解

$$x(t, \varepsilon) = \sum_{j=0}^{\infty} u_j(t)\varepsilon^j + \sum_{j=0}^{\infty} v_j \left(\frac{t}{\varepsilon}\right) \varepsilon^j,$$

其中每个 $v_j(\xi)$ 具有性质 (2.2.11), (2.2.12).

2. 解的存在性及其一致有效性

应用二阶微分不等式理论, 可以证明问题 (2.2.1), (2.2.2) 解的存在性, 并给出解的任意阶的一致有效的渐近展开式.

对于一般的 Dirichlet 问题

$$x'' = f(t, x, x'), \quad a < t < b, \tag{2.2.13}$$

$$x(a) = A, \quad x(b) = B. \tag{2.2.14}$$

Nagumo[7] 建立如下结果:

引理 2.2.1 假设存在函数 $\alpha(t)$, $\beta(t) \in C^2[a, b]$, 使得

$$\alpha(t) \leqslant \beta(t), \quad a < t < b,$$

$$\alpha(a) \leqslant A \leqslant \beta(a), \quad \alpha(b) \leqslant B \leqslant \beta(b),$$

$$\alpha'' \geqslant f(t, \alpha, \alpha'), \quad \beta'' \leqslant f(t, \beta, \beta'),$$

并且函数 f 在 $[a, b]$ 上关于 α, β 满足 Nagumo 条件, 即对 $\forall (t, x) \in [a, b] \times [\alpha, \beta]$ 有

$$f(t, x, z) = O(|z|^2), \quad |z| \to +\infty,$$

则问题 (2.2.13), (2.2.14) 在 $[a,b]$ 上存在一个解 $x = x(t)$, 并成立不等式

$$\alpha(t) \leqslant x(t) \leqslant \beta(t).$$

显然, 对于半线性问题和拟线性问题, Nagumo 条件自然满足. 顺便指出, 对于更为一般的问题

$$x'' = f(t, x, x'), \quad a < t < b,$$
$$p_1 x(a, \varepsilon) - p_2 x'(a, \varepsilon) = A,$$
$$q_1 x(b, \varepsilon) + q_2 x'(b, \varepsilon) = B,$$

类似于引理 2.2.1 的结果也是成立的, 其中 $p_i, q_i \ (i = 1, 2)$ 都为非负常数, 并且 $p_1^2 + p_2^2 > 0, q_1^2 + q_2^2 > 0$. 下面来证明如下定理:

定理 2.2.1　在 $(H_1) \sim (H_3)$ 的假设下, 存在充分小的正数 ε_0, 使对每个 $0 < \varepsilon \leqslant \varepsilon_0$, 问题 (2.2.1), (2.2.2) 皆有一个解 $x(t, \varepsilon)$, 并且当 $\varepsilon \to 0$ 时, 在 $[0, 1]$ 上一致地有

$$x(t, \varepsilon) = \sum_{j=0}^{n} u_j(t)\varepsilon^j + \sum_{j=0}^{n} v_j\left(\frac{t}{\varepsilon}\right)\varepsilon^j + O(\varepsilon^{n+1}),$$

其中 n 为任给的正整数.

证明　对任给的正整数 n, 在区间 $[0, 1]$ 上定义

$$\alpha(t, \varepsilon) = \sum_{j=0}^{n+1} u_j(t)\varepsilon^j + \sum_{j=0}^{n+1} v_j\left(\frac{t}{\varepsilon}\right)\varepsilon^j - r\varepsilon^{n+1},$$

$$\beta(t, \varepsilon) = \sum_{j=0}^{n+1} u_j(t)\varepsilon^j + \sum_{j=0}^{n+1} v_j\left(\frac{t}{\varepsilon}\right)\varepsilon^j + r\varepsilon^{n+1},$$

其中 $r > 0$ 为待定常数. 从形式渐近解的构造可知

$$\varepsilon[\varepsilon\alpha'' + f(t)\alpha' + g(t, \alpha)] = \ddot{v}_0 + f(0)\dot{v}_0 + \sum_{j=1}^{n+1}[\ddot{v}_j + f(0)\dot{v}_j - G_{j-1}]\varepsilon^j$$
$$- g_x(0, u_0(0) + \theta v_0)r\varepsilon^{n+2} + O(\varepsilon^{n+2}).$$

由假设 (H_3) 推出, 只要取 $r \geqslant \dfrac{K}{l}$, 就有

$$\varepsilon\alpha'' + f(t)\alpha' + g(t, \alpha) \geqslant (lr - K)\varepsilon^{n+1} \geqslant 0,$$

其中 $K > 0$, 使得 $|O(\varepsilon^{n+2})| \leqslant K\varepsilon^{n+2}$. 类似地有

$$\varepsilon\beta'' + f(t)\beta' + g(t, \beta) \leqslant (K - lr)\varepsilon^{n+1} \leqslant 0.$$

显然, 在 $[0, 1]$ 上, $\alpha(t, \varepsilon) \leqslant \beta(t, \varepsilon)$. 又从 (2.2.11) 和 (2.2.12) 看出, 每个 $v_j\left(\dfrac{1}{\varepsilon}\right)$ 当 $\varepsilon \to 0$ 时为 EST, 故存在充分小的正数 ε_0, 使得不等式

$$\alpha(0, \varepsilon) \leqslant A \leqslant \beta(0, \varepsilon), \quad \alpha(1, \varepsilon) \leqslant B \leqslant \beta(1, \varepsilon)$$

对每个 $0 < \varepsilon \leqslant \varepsilon_0$ 成立. 根据引理 2.2.1, 问题 (2.2.1), (2.2.2) 在 $[0, 1]$ 上存在一个解 $x(t, \varepsilon)$, 并且满足

$$\alpha(t, \varepsilon) \leqslant x(t, \varepsilon) \leqslant \beta(t, \varepsilon), \quad 0 \leqslant t \leqslant 1.$$

因此, 当 $\varepsilon \to 0$ 时, 在 $[0, 1]$ 上一致地有

$$x(t, \varepsilon) = \sum_{j=0}^{n} u_j(t)\varepsilon^j + \sum_{j=0}^{n} v_j\left(\frac{t}{\varepsilon}\right)\varepsilon^j + O(\varepsilon^{n+1}).$$

注 2.2.1 若把假设条件更改如下：在 $[0, 1]$ 上, $f(t) < 0$, 并且退化问题

$$f(t)u' + g(t, u) = 0, \quad u(0) = A$$

在 $[0, 1]$ 上有一个解, 其余条件不变, 则问题 (2.2.1), (2.2.2) 的边界层出现在右边, 类似于定理 2.2.1 的相应结论也成立.

注 2.2.2 如果允许 f, g, A 和 B 充分光滑地依赖于 ε, 如假设当 $\varepsilon \to 0$ 时,

$$f(t, \varepsilon) \sim \sum_{j=0}^{\infty} f_j(t)\varepsilon^j, \quad g(t, x, \varepsilon) \sim \sum_{j=0}^{\infty} g_j(t, x)\varepsilon^j,$$

$$A(\varepsilon) \sim \sum_{j=0}^{\infty} A_j\varepsilon^j, \quad B(\varepsilon) \sim \sum_{j=0}^{\infty} B_j\varepsilon^j,$$

则类似于定理 2.2.1 的结论对于更一般的 Dirichlet 问题

$$\varepsilon x'' + f(t, \varepsilon)x + g(t, x, \varepsilon) = 0,$$

$$x(0, \varepsilon) = A(\varepsilon), \quad x(1, \varepsilon) = B(\varepsilon)$$

仍成立. 因此, 为讨论方便起见, 今后只考虑如同 (2.2.1), (2.2.2) 这样的简单问题. 所得结果均适用于方程系数和终点值光滑依赖于参数 ε 的一般问题.

2.2.2 Robin 问题

考虑边值问题

$$\varepsilon x'' + f(t)x' = g(t, x), \quad 0 < t < 1, \tag{2.2.15}$$

$$ax(0, \varepsilon) - x'(0, \varepsilon) = A, \tag{2.2.16}$$

$$bx(1, \varepsilon) + x'(1, \varepsilon) = B, \tag{2.2.17}$$

其中 $0 < \varepsilon \ll 1, a > 0, b > 0$ 及 A, B 均为常数, 并假设

(H$_1$) $f(t) \in C^\infty[0, 1]$, $g(t, x) \in C^\infty([0, 1] \times \mathbf{R})$, 并且在 $[0, 1]$ 上, $f(t) > 0$;

(H$_2$) λ 满足非线性方程

$$\frac{g(1, \lambda)}{f(1)} + b\lambda = B, \tag{2.2.18}$$

使得

$$\frac{g_x(1, \lambda)}{f(1)} + b \neq 0,$$

即 λ 是方程 (2.2.18) 的单根;

(H$_3$) 退化问题

$$f(t)u' = g(t, u), \quad u(1) = \lambda$$

在 $[0, 1]$ 上有一个解 $u_0(t)$, 并且 $g_x(0, u_0(0)) = l > 0$.

下面寻求 (2.2.15)~(2.2.17) 的如下形式的渐近解:

$$x(t, \varepsilon) = U(t, \varepsilon) + \varepsilon V(\xi, \varepsilon),$$

当 $\varepsilon \to 0$ 时,

$$U(t, \varepsilon) \sim \sum_{j=0}^{\infty} u_j(t)\varepsilon^j, \quad V(\xi, \varepsilon) \sim \sum_{j=0}^{\infty} v_j(\xi)\varepsilon^j,$$

而 $\xi = \dfrac{t}{\varepsilon}$ 为伸长变量, 每个 $v_j(\xi) \to 0$ $(\xi \to +\infty)$.

将 $U(t, \varepsilon)$ 代入方程 (2.2.15) 和边界条件 (2.2.17), 并比较 ε 的同次幂系数可得

$$f(t)u_0' = g(t, u_0), \quad u_0'(1) + bu_0(1) = B \tag{2.2.19}$$

和

$$f(t)u_j' = g_x(t, u_0)u_j + F_{j-1}(t), \quad u_j'(1) + bu_j(1) = 0, \quad j \geqslant 1, \tag{2.2.20}$$

其中 $F_{j-1}(t)$ 为由 $u_1, u_2, \cdots, u_{j-1}$ 逐次确定的已知函数.

由假设 (H$_2$), (H$_3$), 问题 (2.2.19) 在 $[0, 1]$ 上有一个解 $u_0(t)$. 再注意到

$$\frac{g_x(1, \lambda)}{f(1)} + b \neq 0,$$

(2.2.20) 中每个 $u_j(1)$ 由

$$\left[\frac{g_x(1, \lambda)}{f(1)} + b \right] u_j(1) = -\frac{F_{j-1}(1)}{f(1)}$$

确定, 从而 (2.2.20) 中每个线性初值问题在区间 $[0, 1]$ 上均有唯一解 $u_j(t)$ $(j \geqslant 1)$.

再将 $U(t,\varepsilon)+\varepsilon V(\xi,\varepsilon)$ 代入方程 (2.2.15) 可得

$$\ddot{V}+f(\xi\varepsilon)\dot{V}-[g(\xi\varepsilon,U+\varepsilon V)-g(\xi\varepsilon,U)]=0$$

或

$$\ddot{V}+f(\xi\varepsilon)\dot{V}-\varepsilon g_x(\xi\varepsilon,U+\theta\varepsilon V)V=0,\quad 0<\theta<1, \tag{2.2.21}$$

其中

$$f(\xi\varepsilon)=f(0)+f'(0)\xi\varepsilon+\frac{f''(0)}{2}(\xi\varepsilon)^2+\cdots,$$

$$g_x(\xi\varepsilon,U+\theta\varepsilon V)=g_x(0,u_0(0))+g_{xt}(0,u_0(0))\xi\varepsilon$$
$$+g_{xx}(0,u_0(0))\left[\sum_{j=0}^\infty u_j\varepsilon^j-u_0(0)+\theta\varepsilon\sum_{j=0}^\infty v_j\varepsilon^j\right]+\cdots.$$

在 (2.2.21) 两边比较 ε 同次幂的系数得到

$$\ddot{v}_0+\omega\dot{v}_0=0 \tag{2.2.22}$$

及

$$\ddot{v}_j+\omega\dot{v}_j=G_{j-1}(\xi),\quad j\geqslant 1. \tag{2.2.23}$$

同样地, 将 $U(t,\varepsilon)+\varepsilon V(\xi,\varepsilon)$ 代入 (2.2.16) 得到

$$au_0(0)-u_0'(0)-\dot{v}_0(0)=A \tag{2.2.24}$$

及

$$au_j(0)+av_{j-1}(0)-u_j'(0)-\dot{v}_j(0)=0$$

或

$$\dot{v}_j(0)=C_{j-1},\quad j\geqslant 1, \tag{2.2.25}$$

其中 $\omega=f(0)>0$, $G_{j-1}(\xi)$ 为由 $v_0,v_1,\cdots,v_{j-1}$ 逐次确定的已知函数, C_{j-1} 为逐次确定的常数.

由 (2.2.22), (2.2.24) 及 $v_0(+\infty)=0$ 解得

$$v_0(\xi)=-\frac{\dot{v}_0(0)}{\omega}\exp(-\omega\xi), \tag{2.2.26}$$

进而可知, 对任给常数 $\delta>0$ 有

$$G_{j-1}(\xi)=O(\exp(-(1-\delta)\omega\xi)),\quad \xi\to+\infty,$$

于是, 由 (2.2.23), (2.2.25) 及 $v_j(+\infty)=0$ 得到

$$v_j(\xi)=-\frac{C_{j-1}}{\omega}\exp(-\omega\xi)-\int_\xi^{+\infty}\int_0^r\exp(-\omega(r-s))G_{j-1}(s)dsdr$$

$$=O(\exp(-(1-\delta)\omega\xi)),\quad \xi\to+\infty. \tag{2.2.27}$$

于是构造出问题 (2.2.15)~(2.2.17) 的形式渐近解

$$x(t,\varepsilon)=\sum_{j=0}^{\infty}u_j(t)\varepsilon^j+\varepsilon\sum_{j=0}^{\infty}v_j\left(\frac{t}{\varepsilon}\right)\varepsilon^j.$$

定理 2.2.2　在 $(H_1)\sim(H_3)$ 的假设下, 存在充分小的正数 ε_0, 使得对每个 $0<\varepsilon\leqslant\varepsilon_0$, 问题 (2.2.15)~(2.2.17) 皆有一个解 $x(t,\varepsilon)$, 并且当 $\varepsilon\to0$ 时, 在 $[0,1]$ 上一致地有

$$x(t,\varepsilon)=\sum_{j=0}^{n}u_j(t)\varepsilon^j+\varepsilon\sum_{j=0}^{n}v_j\left(\frac{t}{\varepsilon}\right)\varepsilon^j+O(\varepsilon^{n+1}),$$

其中 n 为任给的正整数.

证明　对任给正整数 n, 在区间 $[0,1]$ 上定义

$$\alpha(t,\varepsilon)=\sum_{j=0}^{n}u_j(t)\varepsilon^j+\varepsilon\sum_{j=0}^{n}v_j\left(\frac{t}{\varepsilon}\right)\varepsilon^j-r\varepsilon^{n+1},$$

$$\beta(t,\varepsilon)=\sum_{j=0}^{n}u_j(t)\varepsilon^j+\varepsilon\sum_{j=0}^{n}v_j\left(\frac{t}{\varepsilon}\right)\varepsilon^j+r\varepsilon^{n+1},$$

其中 $r>0$ 为待定常数. 从形式渐近解的构造可知

$$\varepsilon\alpha''+f(t)\alpha'-g(t,\alpha)=\ddot{v}_0+f(0)\dot{v}_0+\sum_{j=1}^{n}[\ddot{v}_j+f(0)\dot{v}_j-G_{j-1}]\varepsilon^j$$
$$+g_x(0,u_0(0))r\varepsilon^{n+1}+O(\varepsilon^{n+1}).$$

由假设 (H_3), 只要取 $r\geqslant\dfrac{K}{l}$, 就有

$$\varepsilon\alpha''+f(t)\alpha'-g(t,\alpha)\geqslant(lr-K)\varepsilon^{n+1}\geqslant0,$$

其中 $K>0$, 使得 $|O(\varepsilon^{n+1})|\leqslant K\varepsilon^{n+1}$. 类似地可得

$$\varepsilon\beta''+f(t)\beta'-g(t,\beta)\leqslant(K-lr)\varepsilon^{n+1}\leqslant0.$$

显然, 在 $[0,1]$ 上, $\alpha(t,\varepsilon)\leqslant\beta(t,\varepsilon)$. 又从 (2.2.26) 和 (2.2.27) 可以看出, 每个 $v_j\left(\dfrac{1}{\varepsilon}\right)$ 当 $\varepsilon\to0$ 时为 EST, 故存在充分小的正数 ε_0, 使得不等式

$$a\alpha(0,\varepsilon)-\alpha'(0,\varepsilon)\leqslant A\leqslant a\beta(0,\varepsilon)-\beta'(0,\varepsilon),$$

$$b\alpha(1,\varepsilon) + \alpha'(1,\varepsilon) \leqslant B \leqslant b\beta(1,\varepsilon) + \beta'(1,\varepsilon)$$

对每个 $0 < \varepsilon \leqslant \varepsilon_0$ 成立. 根据引理 2.2.1, 问题 (2.2.15)~(2.2.17) 在 $[0,1]$ 上存在一个解 $x(t,\varepsilon)$, 并且满足

$$\alpha(t,\varepsilon) \leqslant x(t,\varepsilon) \leqslant \beta(t,\varepsilon), \quad 0 \leqslant t \leqslant 1.$$

因此, 当 $\varepsilon \to 0$ 时, 在 $[0,1]$ 上一致地有

$$x(t,\varepsilon) = \sum_{j=0}^{n} u_j(t)\varepsilon^j + \varepsilon \sum_{j=0}^{n} v_j\left(\frac{t}{\varepsilon}\right)\varepsilon^j + O(\varepsilon^{n+1}).$$

注 2.2.3　如果在 $[0,1]$ 上 $f(t) < 0$, 并且满足如下假设:

(H$_1'$) μ 是方程 $a\mu - \dfrac{g(0,\mu)}{f(0)} = A$ 的单根;

(H$_2'$) 退化问题

$$f(t)u' = g(t,u), \quad u(0) = \mu$$

在 $[0,1]$ 上有一个解 $u_0(t)$, 并且 $g_x(1, u_0(1)) = l > 0$, 则问题 (2.2.15)~(2.2.17) 的边界层出现在右边. 类似于定理 2.2.2 的相应结论也成立.

注 2.2.4　对于 λ 是方程的二重根或任意有限重根的一般情形, 可仿照上述单根的情形进行讨论[6].

2.2.3　$f(t) \equiv 0$ 的情形

考虑如下形式的半线性 Dirichlet 问题:

$$\varepsilon^2 x'' = h(t,x), \quad 0 < t < 1, \tag{2.2.28}$$

$$x(0,\varepsilon) = A, \quad x(1,\varepsilon) = B, \tag{2.2.29}$$

其中 $0 < \varepsilon \ll 1$, A, B 为给定常数, 并假设

(H$_1$) 函数 $u(t) \in C^2[0,1]$ 是退化方程

$$h(t,u(t)) = 0$$

的一个解, 并且 $u(0) \neq A, u(1) \neq B$;

(H$_2$) $h(t,x) \in C^\infty([0,1] \times \mathbf{R})$, 在 $[0,1]$ 上 $h_x(t,u(t)) > 0$, 并且存在常数 $l > 0$, 使得对介于 $u(0)$ 与 A 之间的 y 和介于 $u(1)$ 与 B 之间的 z 分别有

$$h_x(0,y) \geqslant l, \quad h_x(1,z) \geqslant l.$$

在 $t = 0$ 和 $t = 1$ 附近分别引进伸长变量 $\xi = \dfrac{t}{\varepsilon}$, $\eta = \dfrac{1-t}{\varepsilon}$, 寻求问题 (2.2.28), (2.2.29) 的如下形式的渐近解:

$$x(t,\varepsilon) = U(t,\varepsilon) + V\left(\frac{t}{\varepsilon}\right) + W\left(\frac{1-t}{\varepsilon}\right), \tag{2.2.30}$$

其中 U, V 和 W 当 $\varepsilon \to 0$ 时具有如下渐近级数展开式:

$$U(t,\varepsilon) \sim \sum_{j=0}^{\infty} u_j(t)\varepsilon^j, \quad V(\xi,\varepsilon) \sim \sum_{j=0}^{\infty} v_j(\xi)\varepsilon^j, \quad W(\eta,\varepsilon) \sim \sum_{j=0}^{\infty} w_j(\eta)\varepsilon^j,$$

而 $v_j(\xi)$ 和 $w_j(\eta)$ $(j = 0,1,2,\cdots)$ 分别满足

$$v_j(+\infty) = \dot{v}_j(+\infty) = 0$$

和

$$w_j(+\infty) = \dot{w}_j(+\infty) = 0.$$

下面仅考虑 $A > u(0)$ 且 $B > u(1)$ 的情形, 其余情形均可类似讨论.

先将 $U(t,\varepsilon)$ 代入方程 (2.2.28), 其中 $h(t,U)$ 写为

$$h(t,U) = h(t,u_0) + h_x(t,u_0)\sum_{j=1}^{\infty} u_j\varepsilon^j + \frac{1}{2!}h_{xx}(t,u_0)\left(\sum_{j=1}^{\infty} u_j\varepsilon^j\right)^2 + \cdots,$$

并令 ε 的同次幂系数相等, 得到一列摄动方程. 从中解出 $u_0(t)$ 满足退化方程

$$h(t,u_0(t)) = 0, \quad u_1(t) \equiv 0,$$

于是由 $u_0, u_2, \cdots, u_{2k-2}$ 可逐次确定 $u_{2k}(t)$, 而 $u_{2k+1}(t) \equiv 0\,(k=1,2,\cdots)$.

再将 $U(t,\varepsilon) + V(\xi,\varepsilon)$ 代入方程 (2.2.28) 和 $x(0,\varepsilon) = A$ 可得

$$\ddot{V} = h(\xi\varepsilon, U+V) - h(\xi\varepsilon, U), \tag{2.2.31}$$

$$U(0,\varepsilon) + V(0,\varepsilon) = A, \tag{2.2.32}$$

其中

$$\begin{aligned} h(\xi\varepsilon, U+V) =& h(0, u_0(0) + v_0) + h_t(0, u_0(0) + v_0)\xi\varepsilon \\ &+ h_x(0, u_0(0) + v_0)\left[\sum_{j=0}^{\infty} u_j\varepsilon^j - u_0(0) + \sum_{j=1}^{\infty} v_j\varepsilon^j\right] + \cdots, \end{aligned}$$

$$\begin{aligned} h(\xi\varepsilon, U) =& h(0, u_0(0)) + h_t(0, u_0(0))\xi\varepsilon \\ &+ h_x(0, u_0(0))\left[\sum_{j=0}^{\infty} u_j\varepsilon^j - u_0(0)\right] + \cdots. \end{aligned}$$

在式 (2.2.31), (2.2.32) 中, 令 ε 的同次幂系数相等得到

$$\ddot{v}_0 = h(0, u_0(0) + v_0), \quad v_0(0) = A - u_0(0) \tag{2.2.33}$$

及

$$\ddot{v}_j = h_x(0, u_0(0) + v_0)v_j + P_{j-1}(\xi), \quad v_j(0) = -u_j(0), \ j \geqslant 1, \tag{2.2.34}$$

其中 $P_{j-1}(\xi)$ 为由 $v_0, v_1, \cdots, v_{j-1}$ 逐次确定的已知函数.

利用 $v_0(+\infty) = \dot{v}_0(+\infty) = 0$, 从 (2.2.33) 中可确定 $v_0(\xi)$, 它可表示为

$$\xi = \int_{v_0}^{A-u_0(0)} \frac{\mathrm{d}\tau}{\sqrt{H_0(\tau)}}, \quad H_0(\tau) = 2 \int_0^\tau h(0, u(0) + s)\mathrm{d}s,$$

并且当 $\xi \to +\infty$ 时, $v_0(\xi)$ 是 EST. 事实上, Fife[8] 已证明, 对 $\forall \delta > 0$,

$$v_0(\xi) = O(\exp(-\omega(1-\delta)\xi)), \quad \xi \to +\infty,$$

其中 $\omega = \sqrt{h_x(0, u_0(0))} > 0$.

而 (2.2.34) 中每个 $v_j(\xi)$ 都可用降阶法解出

$$v_j(\xi) = -\phi(\xi) \left\{ \int_0^\xi \frac{1}{\phi^2(\tau)} \int_\tau^{+\infty} \phi(s)P_{j-1}(s)\mathrm{d}s\mathrm{d}\tau + \frac{u_j(0)}{\phi(0)} \right\},$$

其中 $\phi(\xi) = -\dot{v}_0(\xi)$ 为与 (2.2.34) 相应的齐次线性方程的解.

类似地, 将 $U(t, \varepsilon) + W(\eta, \varepsilon)$ 代入方程 (2.2.28) 和 $x(1, \varepsilon) = B$ 可逐次确定 $w_j(\eta)$ $(j = 0, 1, 2, \cdots)$, 其中 $w_0(\eta)$ 可表示为

$$\eta = \int_{w_0}^{B-u_0(1)} \frac{\mathrm{d}\tau}{\sqrt{H_1(\tau)}}, \quad H_1(\tau) = 2 \int_0^\tau h(1, u(1) + s)\mathrm{d}s,$$

而

$$w_j(\eta) = -\psi(\eta) \left[\int_1^\eta \frac{1}{\psi^2(\tau)} \int_\tau^{+\infty} \psi(s)Q_{j-1}(s)\mathrm{d}s\mathrm{d}\tau + \frac{u_j(1)}{\psi(1)} \right], \quad j \geqslant 1,$$

其中 $\psi(\eta) = -\dot{w}_0(\eta)$ 满足齐次线性方程

$$\ddot{\psi} = h_x(1, u_0(1) + w_0)\psi,$$

$Q_{j-1}(\eta)$ 为在构造边界层函数时由 $w_0, w_1, \cdots, w_{j-1}$ 逐次确定的已知函数, 并且每个 $w_j(\eta)$ 当 $\eta \to +\infty$ 时是 EST. 因此得到形式渐近解 (2.2.30).

定理 2.2.3 在 (H₁), (H₂) 的假设下, 存在充分小的正数 ε_0, 使得对每个 $0 < \varepsilon \leqslant \varepsilon_0$, 问题 (2.2.28), (2.2.29) 皆有一个解 $x(t, \varepsilon)$, 并且当 $\varepsilon \to 0$ 时, 在 $[0, 1]$ 上一致地有

$$x(t, \varepsilon) = \sum_{j=0}^n u_j(t)\varepsilon^j + \sum_{j=0}^n v_j\left(\frac{t}{\varepsilon}\right)\varepsilon^j + \sum_{j=0}^n w_j\left(\frac{1-t}{\varepsilon}\right)\varepsilon^j + O(\varepsilon^{n+1}),$$

其中 n 为任给的正整数.

证明　任给正整数 n, 在区间 $[0,1]$ 上定义

$$\alpha(t,\varepsilon) = \sum_{j=0}^n u_j(t)\varepsilon^j + \sum_{j=0}^n v_j\left(\frac{t}{\varepsilon}\right)\varepsilon^j + \sum_{j=0}^n w_j\left(\frac{1-t}{\varepsilon}\right)\varepsilon^j - r\varepsilon^{n+1},$$

$$\beta(t,\varepsilon) = \sum_{j=0}^n u_j(t)\varepsilon^j + \sum_{j=0}^n v_j\left(\frac{t}{\varepsilon}\right)\varepsilon^j + \sum_{j=0}^n w_j\left(\frac{1-t}{\varepsilon}\right)\varepsilon^j + r\varepsilon^{n+1},$$

其中 $r > 0$ 为待定常数. 注意到在区间 $\left[0, \dfrac{1}{2}\right]$ 上, $\displaystyle\sum_{j=0}^n w_j\varepsilon^j$ 是 EST,

$$\alpha(t,\varepsilon) = \sum_{j=0}^n u_j(t)\varepsilon^j + \sum_{j=0}^n v_j\left(\frac{t}{\varepsilon}\right)\varepsilon^j - r\varepsilon^{n+1} + \text{EST},$$

略去 EST, 从形式渐近解的构造可知

$$\begin{aligned}
\varepsilon^2\alpha'' - h(t,\alpha) =& \ddot{v}_0 - h(0, u_0(0) + v_0) \\
& + \sum_{j=1}^n [\ddot{v}_j - h_x(0, u_0(0) + v_0)v_j - P_{j-1}]\varepsilon^j \\
& - h_x(0, u_0(0) + v_0)(-r\varepsilon^{n+1}) + O(\varepsilon^{n+1}).
\end{aligned}$$

由假设 (H_2), 只要取 $r \geqslant \dfrac{K}{l}$, 就有

$$\varepsilon^2\alpha'' - h(t,\alpha) \geqslant (lr - K)\varepsilon^{n+1} \geqslant 0,$$

其中 $K > 0$, 使得 $|O(\varepsilon^{n+1})| \leqslant K\varepsilon^{n+1}$. 类似地, 在区间 $\left[\dfrac{1}{2}, 1\right]$ 上, $\displaystyle\sum_{j=0}^n v_j\varepsilon^j$ 是 EST,

$$\alpha(t,\varepsilon) = \sum_{j=0}^n u_j(t)\varepsilon^j + \sum_{j=0}^n w_j\left(\frac{1-t}{\varepsilon}\right)\varepsilon^j - r\varepsilon^{n+1} + \text{EST},$$

略去 EST 有

$$\begin{aligned}
\varepsilon^2\alpha'' - h(t,\alpha) =& \ddot{w}_0 - h(1, u_0(1) + w_0) \\
& + \sum_{j=1}^n [\ddot{w}_j - h_x(1, u_0(1) + w_0)w_j - Q_{j-1}]\varepsilon^j \\
& - h_x(1, u_0(1) + w_0)(-r\varepsilon^{n+1}) + O(\varepsilon^{n+1}),
\end{aligned}$$

故当 $r \geqslant \dfrac{K}{l}$ 时也有

$$\varepsilon^2\alpha'' - h(t,\alpha) \geqslant (lr - K)\varepsilon^{n+1} \geqslant 0.$$

这就证明了 $\alpha(t, \varepsilon)$ 是方程 (2.2.28) 在区间 $[0,1]$ 上的一个下解. 同理可证 $\beta(t, \varepsilon)$ 是方程 (2.2.28) 在区间 $[0,1]$ 上的一个上解.

显然, 在 $[0, 1]$ 上 $\alpha(t, \varepsilon) \leqslant \beta(t, \varepsilon)$. 又因为每个 $v_j\left(\dfrac{1}{\varepsilon}\right)$ 和 $w_j\left(\dfrac{1}{\varepsilon}\right)$ 当 $\varepsilon \to 0$ 时为 EST, 故存在充分小的正数 ε_0, 使得不等式

$$\alpha(0, \varepsilon) \leqslant A \leqslant \beta(0, \varepsilon), \quad \alpha(1, \varepsilon) \leqslant B \leqslant \beta(1, \varepsilon)$$

对每个 $0 < \varepsilon \leqslant \varepsilon_0$ 成立. 根据引理 2.2.1, 问题 (2.2.28), (2.2.29) 在 $[0, 1]$ 上存在一个解 $x(t, \varepsilon)$, 并且满足

$$\alpha(t, \varepsilon) \leqslant x(t, \varepsilon) \leqslant \beta(t, \varepsilon), \quad 0 \leqslant t \leqslant 1.$$

因此, 当 $\varepsilon \to 0$ 时, 在 $[0, 1]$ 上一致地有

$$x(t, \varepsilon) = \sum_{j=0}^{n} u_j(t)\varepsilon^j + \sum_{j=0}^{n} v_j\left(\frac{t}{\varepsilon}\right)\varepsilon^j + \sum_{j=0}^{n} w_j\left(\frac{1-t}{\varepsilon}\right)\varepsilon^j + O(\varepsilon^{n+1}).$$

在定理 2.2.3 中, 若用如下假设: 存在常数 $l > 0$ 和正整数 m, 使得在 $[0,1]$ 上

$$\frac{\partial^i h}{\partial x^i}(t, u(t)) \equiv 0, 1 \leqslant i \leqslant 2m, \quad \frac{\partial^{2m+1} h}{\partial x^{2m+1}}(t, u(t)) \geqslant l$$

去替换假设 (H_2) 中的 $h_x(t, u(t)) \geqslant l$, 其余条件不变, 则 Chang 和 Howes[4] 已指出存在充分小的正数 ε_0, 使得对每个 $0 < \varepsilon \leqslant \varepsilon_0$, 问题 (2.2.28), (2.2.29) 在 $[0, 1]$ 上存在一个解 $x(t, \varepsilon)$, 并且满足

$$|x(t, \varepsilon) - u(t)| \leqslant W_{\mathrm{L}}(t, \varepsilon) + W_{\mathrm{R}}(t, \varepsilon) + C\varepsilon^{\frac{1}{2m+1}},$$

其中

$$W_{\mathrm{L}}(t, \varepsilon) = |A - u(0)|[1 + \sigma|A - u(0)|^m \varepsilon^{-\frac{1}{2}} t]^{-\frac{1}{m}},$$

$$W_{\mathrm{R}}(t, \varepsilon) = |B - u(1)|\{1 + \sigma|B - u(1)|^m \varepsilon^{-\frac{1}{2}}(1 - t)\}^{-\frac{1}{m}},$$

$$\sigma = \left[\frac{m^2 l}{(m + 1)(2m + 1)!}\right]^{\frac{1}{2}}, C > 0 \text{ 为某常数.}$$

2.3 拟线性问题

本节将在相对较弱的假设条件下讨论问题, 需要用到如下改进的不动点定理:

引理 2.3.1 (Harten 不动点定理[5]) 设 $(N, \|\cdot\|_1)$ 是赋范线性空间, $(B, \|\cdot\|)$ 是 Banach 空间, F 是 N 到 B 的非线性映射, $F[0] = 0$, 并且 F 可分解为

$$F[p] = L[p] + \Psi[p], \quad p \in N,$$

其中 L 为 F 在 $p = 0$ 的线性化算子, L 和 Ψ 满足如下两个条件:

(1) L 是双射, 其逆 L^{-1} 连续, 即存在常数 $l > 0$, 使得

$$\left\| L^{-1}[q] \right\|_1 \leqslant \frac{1}{l} \left\| q \right\|, \quad \forall q \in B;$$

(2) 存在 $\bar{\rho} > 0$, 使得当 $0 \leqslant \rho \leqslant \bar{\rho}$ 时,

$$\left\| \Psi[p_2] - \Psi[p_1] \right\| \leqslant m(\rho) \left\| p_2 - p_1 \right\|_1, \quad \forall p_1, p_2 \in \Omega_N(\rho),$$

其中 $\Omega_N(\rho) = \{ p \,|\, p \in N, \|p\|_1 \leqslant \rho \}$, 当 $\rho \to 0$ 时, $m(\rho)$ 单调减少, 并且

$$\lim_{\rho \to 0} m(\rho) = 0.$$

记 $\rho_0 = \sup \left\{ 0 \leqslant \rho \leqslant \bar{\rho}, \ m(\rho) \leqslant \dfrac{l}{2} \right\}$, 则对满足 $\|\chi\| \leqslant \dfrac{l\rho_0}{2}$ 的任意 $\chi \in B$, 总存在 $p \in N$, 使得 $F[p] = \chi$, 并且满足

$$\|p\|_1 \leqslant \frac{2}{l} \|\chi\| \leqslant \rho_0.$$

2.3.1　Dirichlet 问题

考虑拟线性 Dirichlet 问题

$$\varepsilon x'' + f(t, x)x' + g(t, x) = 0, \quad 0 < t < 1, \tag{2.3.1}$$

$$x(0, \varepsilon) = A, \quad x(1, \varepsilon) = B, \tag{2.3.2}$$

其中 $0 < \varepsilon \ll 1$, A, B 为常数. 为了简化过程, 仅构造问题的零阶近似. 作假设如下:

(H_1) f, g 在 $[0, 1] \times \mathbf{R}$ 上连续可微;

(H_2) 退化问题

$$f(t, u)u' + g(t, u) = 0, \quad u(1) = B$$

在 $[0, 1]$ 上有一个解 $u_0(t)$, 并且在 $[0, 1]$ 上 $f(t, u_0(t)) > 0$;

(H_3) 存在 $k > 0$, 使得对介于 A 和 $u_0(0)$ 之间的任意 x 有 $f(0, x) \geqslant k$.

先将外部解 $U(t, \varepsilon) = \displaystyle\sum_{j=0}^{\infty} u_j(t)\varepsilon^j$ 代入 (2.3.1) 及 $x(1, \varepsilon) = B$, 其中

$$f(t, U) = f(t, u_0) + f_x(t, u_0 + \theta_1(U - u_0))(U - u_0), \quad 0 < \theta_1 < 1,$$

$$g(t, U) = g(t, u_0) + g_x(t, u_0 + \theta_2(U - u_0))(U - u_0), \quad 0 < \theta_2 < 1,$$

并比较 ε^0 的系数得到

$$f(t, u_0)u_0' + g(t, u_0) = 0, \quad u_0(1) = B.$$

由假设知, 它在 $[0, 1]$ 上有一个解 $u_0(t)$. 在 $t = 0$ 附近引入伸长变量 $\xi = \dfrac{t}{\varepsilon}$, 构造边界层校正项

$$V(\xi, \varepsilon) = \sum_{j=0}^{\infty} v_j(\xi)\varepsilon^j.$$

再将 $U(t, \varepsilon) + V(\xi, \varepsilon)$ 代入 (2.3.1) 可得

$$\ddot{V} + f(\xi\varepsilon, U + V)\dot{V} + \varepsilon[f(\xi\varepsilon, U + V) - f(\xi\varepsilon, U)]U' + \varepsilon[g(\xi\varepsilon, U + V) - g(\xi\varepsilon, U)] = 0$$

或

$$\ddot{V} + f(\xi\varepsilon, U + V)\dot{V} + \varepsilon[f_x(\xi\varepsilon, U + \theta_3 V)U' + g_x(\xi\varepsilon, U + \theta_4 V)]V = 0, \tag{2.3.3}$$

其中 $0 < \theta_3, \theta_4 < 1$. 比较 (2.3.3) 两边 ε^0 的系数得到

$$\ddot{v}_0 + f(0, u_0(0) + v_0)\dot{v}_0 = 0. \tag{2.3.4}$$

而由 $U(0, \varepsilon) + V(0, \varepsilon) = A$ 得

$$v_0(0) = A - u_0(0), \tag{2.3.5}$$

并且 $v_0(\xi)$ 应满足

$$v_0(+\infty) = \dot{v}_0(+\infty) = 0. \tag{2.3.6}$$

由 (2.3.4)~(2.3.6) 得

$$\dot{v}_0 = -\int_0^{v_0} f(0, u_0(0) + s)\mathrm{d}s, \quad v_0(0) = A - u_0(0),$$

进而 $v_0(\xi)$ 可隐式地表示为

$$\xi = \int_{A - u_0(0)}^{v_0} \frac{\mathrm{d}\eta}{F(\eta)},$$

其中

$$F(\eta) = -\int_0^{\eta} f(0, u_0(0) + s)\mathrm{d}s.$$

由假设 (H₃) 知, $v_0(\xi)$ 在 $[0, +\infty)$ 上单调减少, 并且成立

$$v_0(\xi) = O(\exp(-k\xi)), \quad \xi \to +\infty. \tag{2.3.7}$$

于是得到问题 (2.3.1),(2.3.2) 的形式零次近似 $u_0(t) + v_0\left(\dfrac{t}{\varepsilon}\right)$.

令

$$x(t, \varepsilon) = u_0(t) + v_0\left(\frac{t}{\varepsilon}\right) + R(t, \varepsilon), \tag{2.3.8}$$

将 (2.3.8) 代入 (2.3.1),(2.3.2) 可得

$$\varepsilon^2 R'' + \varepsilon f(0, u_0(0) + v_0 + R)R' + f_x(0, u_0(0) + v_0)\dot{v}_0 R = O(\varepsilon),$$

$$R(0, \varepsilon) = 0, \quad R(1, \varepsilon) = v_0\left(\frac{1}{\varepsilon}\right),$$

并且由 (2.3.7) 知, $R(1, \varepsilon)$ 当 $\varepsilon \to 0$ 时为 EST.

再令

$$\bar{R}(t, \varepsilon) = R(t, \varepsilon) - R(1, \varepsilon)\varphi(t),$$

其中 $\varphi(t) \in C^2[0, 1]$ 满足

$$\varphi(t) = 0, \ 0 \leqslant t \leqslant \frac{1}{2}, \quad \varphi(t) = 1, \ \frac{3}{4} \leqslant t \leqslant 1,$$

于是有

$$\varepsilon^2 \bar{R}'' + \varepsilon f(0, u_0(0) + v_0 + \bar{R})\bar{R}' + f_x(0, u_0(0) + v_0)\dot{v}_0 \bar{R} = O(\varepsilon), \tag{2.3.9}$$

$$\bar{R}(0, \varepsilon) = \bar{R}(1, \varepsilon) = 0.$$

现在定义 $N \to B$ 的映射 F:

$$F[p] = \varepsilon^2 \frac{\mathrm{d}^2 p}{\mathrm{d}t^2} + \varepsilon f(0, u_0(0) + v_0 + p)\frac{\mathrm{d}p}{\mathrm{d}t} + f_x(0, u_0(0) + v_0)\dot{v}_0 p,$$

其中 $N = \{p\,|\,p \in C^2[0, 1], \ p(0, \varepsilon) = p(1, \varepsilon) = 0\}$, $B = \{q\,|\,q \in C[0, 1]\}$, 其范数分别为

$$\|p\|_1 = \max_{0 \leqslant t \leqslant 1}|p| + \varepsilon \max_{0 \leqslant t \leqslant 1}\left|\frac{\mathrm{d}p}{\mathrm{d}t}\right| + \varepsilon^2 \max_{0 \leqslant t \leqslant 1}\left|\frac{\mathrm{d}^2 p}{\mathrm{d}t^2}\right|,$$

$$\|q\| = \max_{0 \leqslant t \leqslant 1}|q|,$$

则 B 是一个 Banach 空间, 而 N 是 Banach 空间的一个闭线性子空间, 故也是一个 Banach 空间. 显然, $F[0] = 0$, 并且 F 在 $p = 0$ 的线性化算子为

$$L[p] = \varepsilon^2 \frac{\mathrm{d}^2 p}{\mathrm{d}t^2} + \varepsilon f(0, u_0(0) + v_0)\frac{\mathrm{d}p}{\mathrm{d}t} + f_x(0, u_0(0) + v_0)\dot{v}_0 p,$$

于是

$$\Psi[p] = F[p] - L[p] = \varepsilon\{f(0, u_0(0) + v_0 + p) - f(0, u_0(0) + v_0)\}\frac{\mathrm{d}p}{\mathrm{d}t}.$$

下面检验引理 2.3.1 中的两个条件. 注意到 $L[p] = 0$ 的两个线性无关的解可表示为

$$p_1(t, \varepsilon) = \varphi(t, \varepsilon),$$

$$p_2(t,\varepsilon) = \psi(t,\varepsilon) \exp\left(-\frac{1}{\varepsilon} \int_0^t f\left(0, u_0(0) + v_0\left(\frac{s}{\varepsilon}\right)\right) \mathrm{d}s\right),$$

其中当 $\varepsilon \to 0$ 时,

$$\varphi(t,\varepsilon) \sim \sum_{j=0}^{\infty} \varphi_j(t)\varepsilon^j, \quad \varphi(0,\varepsilon) = 1,$$

$$\psi(t,\varepsilon) \sim \sum_{j=0}^{\infty} \psi_j(t)\varepsilon^j, \quad \psi(0,\varepsilon) = 1.$$

由于当 $\varepsilon > 0$ 充分小时,

$$\begin{vmatrix} p_1(0,\varepsilon) & p_1(1,\varepsilon) \\ p_2(0,\varepsilon) & p_2(1,\varepsilon) \end{vmatrix} \neq 0,$$

故对 $\forall q \in B$, 边值问题 $L[p] = q$, $p(0,\varepsilon) = p(1,\varepsilon) = 0$ 有唯一解. 因此, L 是双射. 又因为

$$\begin{aligned} \|L[p]\| &= \max_{0 \leqslant t \leqslant 1} \left| \varepsilon^2 \frac{\mathrm{d}^2 p}{\mathrm{d}t^2} + \varepsilon\, f(0, u_0(0) + v_0)\frac{\mathrm{d}p}{\mathrm{d}t} + f_x(0, u_0(0) + v_0)\dot{v}_0 p \right| \\ &\leqslant M\left(\varepsilon^2 \max_{0 \leqslant t \leqslant 1} \left|\frac{\mathrm{d}^2 p}{\mathrm{d}t^2}\right| + \varepsilon \max_{0 \leqslant t \leqslant 1} \left|\frac{\mathrm{d}p}{\mathrm{d}t}\right| + \max_{0 \leqslant t \leqslant 1} |p| \right) \\ &= M\|p\|_1, \end{aligned}$$

其中 $M = 1 + \max\limits_{0 \leqslant t \leqslant 1} |f(0, u_0(0) + v_0)| + \max\limits_{0 \leqslant t \leqslant 1} |f_x(0, u_0(0) + v_0)\dot{v}_0|$, 所以 L 是线性有界算子. 根据逆算子定理[9], L^{-1} 存在, 并且 L^{-1} 也是线性有界的, 即存在常数 $l > 0$, 使得

$$\|L^{-1}[q]\|_1 \leqslant \frac{1}{l}\|q\|, \quad \forall q \in B,$$

即引理中的条件 (1) 成立.

任取 $p_1, p_2 \in \Omega_N(\rho)$ $(0 < \rho < 1)$ 有

$$\begin{aligned} \|\Psi[p_2] - \Psi[p_1]\| &\leqslant \varepsilon \max_{0 \leqslant t \leqslant 1} \left| [f(0, u_0(0) + v_0 + p_2) - f(0, u_0(0) + v_0 + p_1)]\frac{\mathrm{d}p_2}{\mathrm{d}t} \right| \\ &\quad + \max_{0 \leqslant t \leqslant 1} \left| \varepsilon\left[f(0, u_0(0) + v_0 + p_1) - f(0, u_0(0) + v_0)\right]\left(\frac{\mathrm{d}p_2}{\mathrm{d}t} - \frac{\mathrm{d}p_1}{\mathrm{d}t}\right) \right|, \end{aligned}$$

故存在常数 $c > 0$, 使得

$$\|\Psi[p_2] - \Psi[p_1]\| \leqslant c\rho\|p_2 - p_1\|,$$

即条件 (2) 也成立, 其中 $m(\rho) = c\rho$. 易知

$$\rho_0 = \sup\left\{\rho \,\middle|\, 0 \leqslant \rho \leqslant 1,\ m(\rho) \leqslant \frac{l}{2}\right\} = \min\left\{1, \frac{l}{2c}\right\}.$$

由于 (2.3.9) 的右边是 $O(\varepsilon)$, 故从引理推出, 对 $\forall \chi \in B : \|\chi\| = O(\varepsilon) \leqslant \dfrac{l\rho_0}{2}$, 存在 $\bar{R} \in N$, 使得 $F[\bar{R}] = \chi$, 并且

$$\|\bar{R}\|_1 \leqslant \frac{2}{l}\|\chi\| = O(\varepsilon).$$

综上所述, 得到如下定理:

定理 2.3.1　在 $(H_1) \sim (H_3)$ 的假设下, 对充分小的 $\varepsilon > 0$, 问题 (2.3.1), (2.3.2) 存在解 $x(t,\varepsilon)$, 并且当 $\varepsilon \to 0$ 时, 在 $[0,1]$ 上一致地有

$$x(t,\varepsilon) = u_0(t) + v_0\left(\frac{t}{\varepsilon}\right) + O(\varepsilon).$$

注 2.3.1　若把假设条件更改如下: 退化问题

$$f(t,u)u' + g(t,u) = 0, \quad u(0) = A$$

在 $[0,1]$ 上存在一个解 $u_0(t)$, 并且在 $[0,1]$ 上 $f(t,u_0(t)) < 0$, 其余条件不变, 则问题 (2.3.1), (2.3.2) 的边界层出现在右边, 类似于定理 2.3.1 的相应结论也成立.

注 2.3.2　与定理 2.2.1 相比较, 在定理 2.3.1 中, 未作 "存在常数 $l > 0$, 使得对介于 $u_0(0)$ 与 A 之间的任意 x, $g_x(0,x) \leqslant -l$" 的假设.

2.3.2　拟线性系统

对拟线性 Robin 问题稍作推广, 在区间 $[0,1]$ 上, 考虑如下形式的二阶拟线性系统的边值问题:

$$x' = f_1(t,x) + f_2(t,x)y \equiv f(t,x,y), \tag{2.3.10}$$

$$\varepsilon y' = g_1(t,x) + g_2(t,x)y \equiv g(t,x,y), \tag{2.3.11}$$

$$x(0,\varepsilon) - a\varepsilon y(0,\varepsilon) = A, \tag{2.3.12}$$

$$x(1,\varepsilon) + by(1,\varepsilon) = B, \tag{2.3.13}$$

其中 $0 < \varepsilon \ll 1$, $a \geqslant 0$, $b \geqslant 0$ 和 A, B 均为常数.

用类比问题 (2.3.1), (2.3.2) 的方法, 寻求这样的条件: 使得问题 (2.3.10)~(2.3.13) 的解当 $\varepsilon \to 0$ 时在离开 $t = 0$ 的外部区间上收敛于退化问题

$$x' = f_1(t,x) + f_2(t,x)y, \tag{2.3.14}$$

$$0 = g_1(t,x) + g_2(t,x)y, \tag{2.3.15}$$

$$x(1) + by(1) = B \tag{2.3.16}$$

的解. 为此, 应有

$$g_2(t,x) \neq 0, \quad (t,x) \in [0,1] \times \mathbf{R},$$

并且存在 λ 满足方程

$$\lambda - b\frac{g_1(1,\lambda)}{g_2(1,\lambda)} - B = 0.$$

于是只要 $X_0(1)$ 满足终点值问题

$$X_0' = f_1(t, X_0) - f_2(t, X_0)\frac{g_1(t, X_0)}{g_2(t, X_0)}, \quad X_0(1) = \lambda, \tag{2.3.17}$$

并且

$$Y_0(t) = -\frac{g_1(t, X_0)}{g_2(t, X_0)}, \tag{2.3.18}$$

则 (X_0, Y_0) 满足退化问题 (2.3.14)~(2.3.16). 因此, 假设

(H$_1$) $f_i(t,x), g_i(t,x) \in C^\infty([0,1] \times \mathbf{R})(i = 1, 2)$;

(H$_2$) 问题 (2.3.17) 在 $[0,1]$ 上存在一个解 $X_0(t)$, 使得

$$g_2(t, X_0(t)) < 0$$

及

$$1 - b\frac{g_x(1, X_0(1), Y_0(1))}{g_2(1, X_0(1))} \neq 0,$$

其中 $Y_0(t)$ 由 (2.3.18) 确定.

下面来寻求 (2.3.10)~(2.3.13) 的如下形式的渐近解:

$$x(t, \varepsilon) = X(t, \varepsilon) + V(\xi, \varepsilon),$$

$$y(t, \varepsilon) = Y(t, \varepsilon) + \frac{1}{\varepsilon}W(\xi, \varepsilon),$$

其中当 $\varepsilon \to 0$ 时,

$$X(t, \varepsilon) \sim \sum_{j=0}^\infty X_j(t)\varepsilon^j, \quad Y(t, \varepsilon) \sim \sum_{j=0}^\infty Y_j(t)\varepsilon^j,$$

$$V(\xi, \varepsilon) \sim \sum_{j=0}^\infty v_j(\xi)\varepsilon^j, \quad W(\xi, \varepsilon) \sim \sum_{j=0}^\infty w_j(\xi)\varepsilon^j,$$

而 $\xi = \dfrac{t}{\varepsilon}$ 为伸长变量, 并且有 $v_j(+\infty) = w_j(+\infty) = 0$.

将 $X(t, \varepsilon), Y(t, \varepsilon)$ 代入 (2.3.10), (2.3.11) 和 (2.3.13), 其中 f_i, g_i $(i = 1, 2)$ 分别写为

$$f_i(t, X) = f_i(t, X_0) + \frac{\partial f_i}{\partial x}(t, X_0)\sum_{j=1}^\infty X_j\varepsilon^j + \cdots,$$

$$g_i(t, X) = g_i(t, X_0) + \frac{\partial g_i}{\partial x}(t, X_0)\sum_{j=1}^\infty X_j\varepsilon^j + \cdots,$$

并比较 ε 同次幂的系数可知, $(X_0(t), Y_0(t))$ 满足退化问题 $(2.3.14) \sim (2.3.16)$, $(X_j(t),$ $Y_j(t))$ $(j \geqslant 1)$ 满足

$$X_j' = f_x(t, X_0, Y_0)X_j + f_2(t, X_0)Y_j + F_{j-1}(t), \tag{2.3.19}$$

$$g_x(t, X_0, Y_0)X_j + g_2(t, X_0)Y_j + G_{j-1}(t) = 0,$$

$$X_j(1) + bY_j(1) = B_{j-1},$$

其中 F_{j-1}, G_{j-1} 和 B_{j-1} 可逐次确定. 根据假设 (H$_2$), $Y_j(t)$ 可表示为 $X_j(t)$ 的线性函数

$$Y_j(t) = -\frac{g_x(t, X_0, Y_0)X_j + G_{j-1}(t)}{g_2(t, X_0)}, \tag{2.3.20}$$

并且终点值 $X_j(1)$ 由

$$\left[1 - b\frac{g_x(1, X_0(1), Y_0(1))}{g_2(1, X_0(1))} \right] X_j(1) = B_{j-1} + b\frac{G_{j-1}(1)}{g_2(1, X_0(1))} \tag{2.3.21}$$

确定. 于是每个 $X_j(t)$ 都能由 $(2.3.19) \sim (2.3.21)$ 逐次确定, 从而 $Y_j(t)$ 由 $(2.3.20)$ 确定. 至此, 已构造出外部解 $(X(t, \varepsilon), Y(t, \varepsilon))$.

再将 $X(t, \varepsilon) + V(\xi, \varepsilon), Y(t, \varepsilon) + \dfrac{1}{\varepsilon}W(\xi, \varepsilon)$ 代入 $(2.3.10) \sim (2.3.12)$ 可得

$$\begin{aligned} \dot{V} = &f_2(\xi\varepsilon, X + V)W + \varepsilon[f_1(\xi\varepsilon, X + V) - f_1(\xi\varepsilon, X)] \\ &+ \varepsilon[f_2(\xi\varepsilon, X + V) - f_2(\xi\varepsilon, X)], \end{aligned} \tag{2.3.22}$$

$$\begin{aligned} \dot{W} = &g_2(\xi\varepsilon, X + V)W + \varepsilon[g_1(\xi\varepsilon, X + V) - g_1(\xi\varepsilon, X)] \\ &+ \varepsilon[g_2(\xi\varepsilon, X + V) - g_2(\xi\varepsilon, X)] \end{aligned} \tag{2.3.23}$$

和

$$V(0, \varepsilon) - aW(0, \varepsilon) = A - X(0, \varepsilon) + a\varepsilon Y(0, \varepsilon). \tag{2.3.24}$$

在 $(2.3.22) \sim (2.3.24)$ 中分别比较 ε 同次幂的系数得到

$$\dot{v}_0 = f_2(0, X_0(0) + v_0)w_0, \tag{2.3.25}$$

$$\dot{w}_0 = g_2(0, X_0(0) + v_0)w_0, \tag{2.3.26}$$

$$v_0(0) - aw_0(0) = A - X_0(0) \tag{2.3.27}$$

及

$$\dot{v}_j = f_2(0, X_0(0) + v_0)w_j + f_{2x}(0, X_0(0) + v_0)w_0v_j + P_{j-1}(\xi), \tag{2.3.28}$$

$$\dot{w}_j = g_2(0, X_0(0) + v_0)w_j + g_{2x}(0, X_0(0) + v_0)w_0v_j + Q_{j-1}(\xi), \tag{2.3.29}$$

$$v_j(0) - aw_j(0) = \omega_{j-1}, \tag{2.3.30}$$

其中 P_{j-1}, Q_{j-1} 为逐次确定的已知函数, ω_{j-1} 为逐次确定的常数.

从 (2.3.25), (2.3.26) 可得

$$\mathrm{d}w_0 = \frac{g_2(0, X_0(0) + v_0)}{f_2(0, X_0(0) + v_0)}\,\mathrm{d}v_0.$$

利用 $v_0(+\infty) = 0$ 及 $w_0(+\infty) = 0$, 积分上式得

$$w_0 = \int_0^{v_0} \frac{g_2(0, X_0(0) + s)}{f_2(0, X_0(0) + s)}\,\mathrm{d}s.$$

按照 (2.3.27), 若 $v_0(0) = \mu$ 是方程

$$\mu - a \int_0^{\mu} \frac{g_2(0, X_0(0) + s)}{f_2(0, X_0(0) + s)}\,\mathrm{d}s = A - X_0(0) \tag{2.3.31}$$

的一个根, 则 $v_0(\xi)$ 可由初值问题

$$\dot{v}_0 = f_2(0, X_0(0) + v_0) \int_0^{v_0} \frac{g_2(0, X_0(0) + s)}{f_2(0, X_0(0) + s)}\,\mathrm{d}s, \quad v_0(0) = \mu \tag{2.3.32}$$

确定.

注意到当 $\mu = 0$ 时, $v_0(\xi) = w_0(\xi) \equiv 0$. 不失一般性, 假设

(H$_3$) $\mu \neq 0$ 是方程 (2.3.31) 的根, 使得

$$1 - a\,\frac{g_2(0, X_0(0) + \mu)}{f_2(0, X_0(0) + \mu)} \neq 0, \tag{2.3.33}$$

并且存在 $l > 0$, 使得对介于 $X_0(0)$ 与 $X_0(0) + \mu$ 之间的任意 x 有

$$g_2(0, x) \geqslant l \tag{2.3.34}$$

和

$$|f_2(0, x)| \geqslant l. \tag{2.3.35}$$

于是从 (2.3.32), (2.3.34) 和 (2.3.35) 可知, 存在 $\sigma > 0$, 使得

$$\frac{1}{v_0}\,\frac{\mathrm{d}v_0}{\mathrm{d}\xi} = f_2(0, X_0(0) + v_0)\,\frac{g_2(0, X_0(0) + \theta v_0)}{f_2(0, X_0(0) + \theta v_0)} \leqslant -\sigma, \quad 0 \leqslant \theta \leqslant 1,$$

因此有

$$|v_0(\xi)| \leqslant |\mu| \exp(-\sigma\xi), \quad \xi \geqslant 0$$

及

$$w_0(\xi) = O(\exp(-\sigma\xi)), \quad \xi \to \infty.$$

又从 (2.3.28), (2.3.29) 可得

$$\dot{w}_j = \frac{\mathrm{d}}{\mathrm{d}\xi}\left[\frac{v_j\, g_2(0, X_0(0) + v_0)}{f_2(0, X_0(0) + v_0)}\right] + \bar{Q}_{j-1}(\xi).$$

积分上式, 并利用 $v_j(+\infty) = 0$ 及 $w_j(+\infty) = 0$, 则

$$w_j = \frac{g_2(0, X_0(0) + v_0)}{f_2(0, X_0(0) + v_0)}\, v_j - \int_\xi^{+\infty} \bar{Q}_{j-1}(s)\mathrm{d}s, \tag{2.3.36}$$

从而可将 (2.3.28) 和 (2.3.30) 分别写为

$$\frac{\mathrm{d}}{\mathrm{d}\xi}\left[\frac{v_j}{f_2(0, X_0(0) + v_0)}\right] = g_2(0, X_0(0) + v_0)\frac{v_j}{f_2(0, X_0(0) + v_0)} + \bar{P}_{j-1}(\xi) \tag{2.3.37}$$

和

$$\left[1 - a\frac{g_2(0, X_0(0) + \mu)}{f_2(0, X_0(0) + \mu)}\right]v_j(0) = \bar{\omega}_{j-1}. \tag{2.3.38}$$

由条件 (2.3.33) 知 $v_j(0)$ 由 (2.3.38) 确定, 故从 (2.3.37), (2.3.38) 中解出

$$v_j(\xi) = \frac{v_j(0)f_2(0, X_0(0) + v_0)}{f_2(0, X_0(0) + \mu)}\exp\left(\int_0^\xi g_2(0, X_0(0) + v_0(s))\mathrm{d}s\right)$$
$$+ \int_0^\xi \exp\left(\int_\tau^\xi g_2(0, X_0(0) + v_0(s))\mathrm{d}s\right)\bar{P}_{j-1}(\tau)\mathrm{d}\tau, \tag{2.3.39}$$

从而 $w_j(\xi)$ 由 (2.3.36), (2.3.39) 确定.

注意到 $\bar{P}_{j-1}(\xi)$, $\bar{Q}_{j-1}(\xi)$ 仍为 $\xi \to +\infty$ 时的 EST, 故由假设 (H₃) 知, 存在 $0 < \tilde{\sigma} < \min\{\sigma, l\}$, 使得当 $\xi \to +\infty$ 时,

$$v_j(\xi) = O(\exp(-\tilde{\sigma}\xi)), \quad w_j(\xi) = O(\exp(-\tilde{\sigma}\xi)), \quad j \geqslant 1.$$

总结上面的讨论, 得到如下结果[10]:

定理 2.3.2　在 (H₁) ∼ (H₃) 的假设下, 存在充分小的正数 ε_0, 使得对任给 $0 < \varepsilon \leqslant \varepsilon_0$, 问题 (2.3.10)∼(2.3.13) 在区间 [0,1] 上存在解 $(x(t,\varepsilon), y(t,\varepsilon))$, 并且当 $\varepsilon \to 0$ 时一致地有

$$x(t,\varepsilon) = \sum_{j=0}^n X_j(t)\varepsilon^j + \sum_{j=0}^n v_j\left(\frac{t}{\varepsilon}\right)\varepsilon^j + O(\varepsilon^{n+1}),$$

$$y(t,\varepsilon) = \sum_{j=0}^n Y_j(t)\varepsilon^j + \frac{1}{\varepsilon}\sum_{j=0}^n w_j\left(\frac{t}{\varepsilon}\right)\varepsilon^j + O(\varepsilon^{n+1}),$$

其中 n 为任给的正整数.

2.4   一般非线性问题

考虑一般形式的 Dirichlet 问题

$$\varepsilon x'' = f(t, x, x'), \quad a < t < b, \tag{2.4.1}$$

$$x(a, \varepsilon) = A, \quad x(b, \varepsilon) = B, \tag{2.4.2}$$

其中 $0 < \varepsilon \ll 1$, a, b, A, B 皆为常数, 并且假设

(H_1) 存在函数 $u_R(t) \in C^2[a, b]$ 满足退化问题

$$f(t, u, u') = 0, \quad u(b) = B;$$

(H_2) 函数 $f(t, x, x')$ 在区域

$$D_R = \{(t, x, x') | \, a \leqslant t \leqslant b, \, |x - u_R(t)| \leqslant d_R(t), \, |x'| < +\infty\}$$

中连续, 对 x, x' 连续可微, 并且

$$f(t, x, x') = O(|x'|^2), \quad |x'| \to +\infty,$$

其中 $d_R(t)$ 为正的连续函数, 使得对某 $\delta > 0$ 足够小,

$$d_R(t) = |A - u_R(t)| + \delta, \quad a \leqslant t \leqslant a + \frac{\delta}{2},$$

$$d_R(t) = \delta, \quad a + \delta \leqslant t \leqslant b;$$

(H_3) 存在常数 $k > 0$, 使得在 D_R 中,

$$f(t, x, x') \leqslant -k.$$

下面用二阶微分不等式理论来证明问题 (2.4.1), (2.4.2) 解的存在性, 并通过构造界定函数给出解的估计.

令 $y = x - u_R(t)$, 将它代入问题 (2.4.1), (2.4.2) 可得

$$\varepsilon y'' = f_{x'}(t, x, u_R' + \theta_1 y')y' + f_x(t, u_R + \theta_2 y, u_R')y - \varepsilon u_R'', \quad 0 < \theta_1, \theta_2 < 1,$$

$$y(a, \varepsilon) = A - u_R(a), \quad y(b, \varepsilon) = 0.$$

注意到 $f_x(t, x, u_R'(t))$ 在 D_R 中有界, 即存在 $l > 0$, 使得

$$|f_x(t, x, u_R'(t))| \leqslant l.$$

根据假设 (H₃), 考虑相应的比较方程

$$\varepsilon y'' + ky' + ly = -\varepsilon r''_{\mathrm{R}}.$$

如果 $0 < \varepsilon < \dfrac{k^2}{4l}$, 则对应的特征方程

$$\varepsilon \lambda^2 + k\lambda + l = 0$$

有两个负实根,

$$\lambda_1 = \frac{-k - \sqrt{k^2 - 4l\varepsilon}}{2\varepsilon} = -\frac{k}{\varepsilon} + O(1),$$

$$\lambda_2 = \frac{-k + \sqrt{k^2 - 4l\varepsilon}}{2\varepsilon} = -\frac{l}{k} + O(\varepsilon).$$

选取

$$v(t, \varepsilon) = |A - u_{\mathrm{R}}(a)| \exp(\lambda_1(t - a)),$$

则在 $[a, b]$ 上 $v > 0$, $v' < 0$, 并且 $v(t, \varepsilon)$ 满足

$$\varepsilon v'' + kv' + lv = 0, \quad v(a, \varepsilon) = |A - u_{\mathrm{R}}(a)|.$$

选取

$$w(t, \varepsilon) = \varepsilon\, r[\exp(\lambda_2(t - b)) - 1],$$

其中 $r > \dfrac{1}{l} \max\limits_{a \leqslant t \leqslant b} |u''_{\mathrm{R}}(t)|$ 为某常数, 则存在 $c > 0$, 使得在 $[a, b]$ 上 $0 \leqslant w \leqslant c\varepsilon$, $w' < 0$, 并且 $w(t, \varepsilon)$ 满足

$$\varepsilon w'' + kw' + lw = -\varepsilon rl, \quad w(b, \varepsilon) = 0.$$

现在对充分小的 ε: $0 < \varepsilon < \dfrac{k^2}{4l}$, 在区间 $[a, b]$ 上, 定义界定函数

$$\alpha(t, \varepsilon) = u_{\mathrm{R}}(t) - v(t, \varepsilon) - w(t, \varepsilon),$$

$$\beta(t, \varepsilon) = u_{\mathrm{R}}(t) + v(t, \varepsilon) + w(t, \varepsilon).$$

显然, $\alpha, \beta \in C^2[a, b]$, $\alpha \leqslant \beta$, 并且容易检验

$$\alpha(a, \varepsilon) \leqslant A \leqslant \beta(a, \varepsilon),$$

$$\alpha(b, \varepsilon) \leqslant B \leqslant \beta(b, \varepsilon),$$

进而推出

$$\varepsilon \alpha'' - f(t, \alpha, \alpha') = \varepsilon u''_{\mathrm{R}} - \varepsilon v'' - \varepsilon w'' + f_{x'}(t, \alpha, u'_{\mathrm{R}} + \theta_1(v' + w'))(v' + w')$$

$$+ f_x(t, u_R + \theta_2(v + w))(v + w)$$

$$\geqslant \varepsilon\, u_R'' - \varepsilon(v'' + w'') - k(v' + w') - l(v + w)$$

$$= \varepsilon\, u_R'' + \varepsilon\, rl \geqslant 0.$$

类似地有

$$\varepsilon\beta'' - f(t, \beta, \beta') \leqslant 0.$$

已经验证引理 2.2.1 中 α, β 所应满足的全部条件, 因此, 得到如下定理:

定理 2.4.1 在 $(H_1) \sim (H_3)$ 的假设下, 存在充分小的正数 $\varepsilon_0 < \dfrac{k^2}{4l}$, 使得对任给 $0 < \varepsilon \leqslant \varepsilon_0$, 问题 (2.4.1), (2.4.2) 在 $[a, b]$ 上有解 $x(t, \varepsilon)$, 并且满足

$$|x(t, \varepsilon) - u_R(t)| \leqslant v(t, \varepsilon) + c\varepsilon,$$

其中 $v(t, \varepsilon) = |A - u_R(a)| \exp(\lambda_1(t - a))$, $\lambda_1 = -\dfrac{k}{\varepsilon} + O(1)$, c 为正常数.

注 2.4.1 在定理 2.4.1 中, 若将假设 (H_1) 改为

(H_1') 存在函数 $u_L(t) \in C^2[a, b]$ 满足退化问题

$$f(t, u, u') = 0, \quad u(a) = A.$$

将区域 D_R 改为

$$D_L = \{(t, x, x')|\ a \leqslant t \leqslant b,\ |x - u_L(t)| \leqslant d_L(t),\ |x'| < +\infty\},$$

其中 $d_L(t)$ 为正的连续函数, 使得对某 $\delta > 0$ 足够小,

$$d_L(t) = \delta, \quad a \leqslant t \leqslant b - \delta,$$

$$d_L(t) = |B - u_L(t)| + \delta, \quad b - \frac{\delta}{2} \leqslant t \leqslant b,$$

并且在 D_L 中 $f(t, x, x') \geqslant k > 0$, 其余假设作相应修改, 则问题 (2.4.1), (2.4.2) 的边界层出现在右边, 类似于定理 2.4.1 的相应结论也成立.

下面考虑在区域 D_R 中 $f_{x'}(t, x, x') \leqslant 0$ 的情形. 在 (H_1) 的条件下, 再作如下假设:

(H_4) 函数 $f(t, x, x')$ 在区域 D_R 中连续, 对 x 和 x' 分别具有连续的 $2q + 1$ 阶和 2 阶偏导数. 在 D_R 中,

$$f_{x'}(t, x, x') \leqslant 0$$

及

$$f_{x'x'}(t, x, x') = O(1), \quad |x'| \to +\infty,$$

并且存在常数 $k > 0$, 使得在区域 $D_R \cap ([a, a + \delta] \times \mathbf{R}^2)$ 中, 当 $A > u_R(a)$ 时,

$$f_{x'x'}(t, x, x') \geqslant 2k;$$

而当 $A < u_R(a)$ 时,

$$f_{x'x'}(t, x, x') \leqslant -2k;$$

(H₅) 存在常数 $m > 0$, 使得在区域 D_R 中,

$$\frac{\partial^i f}{\partial x^i}(t, u_R(t), u_R'(t)) \equiv 0, \quad 0 \leqslant i \leqslant 2q$$

及

$$\frac{\partial^{2q+1} f}{\partial x^{2q+1}}(t, x, u_R'(t)) \geqslant m.$$

为便于讨论起见, 不妨设 $A > u_R(a)$. 令 $y = x - u_R(t)$, 将它代入问题 (2.4.1), (2.4.2) 可得

$$\varepsilon y'' = f_{x'}(t, x, u_R')y' + \frac{1}{2}f_{x'x'}(t, x, u_R' + \theta_1 y')y'^2$$

$$+ \frac{1}{(2q+1)!}\frac{\partial^{2q+1} f}{\partial x^{2q+1}}(t, u_R + \theta_2 y, u_R')y^{2q+1} - \varepsilon u_R'', \quad 0 < \theta_1, \theta_2 < 1,$$

$$y(a, \varepsilon) = A - u_R(a), \quad y(b, \varepsilon) = 0.$$

根据上述假设, 考虑相应的比较方程

$$\varepsilon y'' = ky'^2 + \frac{m}{(2q+1)!}y^{2q+1} - \varepsilon u_R''.$$

选取

$$v(t, \varepsilon) = -\frac{\varepsilon}{k}\ln\frac{t - a + (b - t)\exp\left(-\dfrac{k}{\varepsilon}(A - u_R(a))\right)}{b - a},$$

则在 $[a, b]$ 上, $v > 0$, $v' < 0$, 并且 $v(t, \varepsilon)$ 满足边值问题

$$\varepsilon v'' = kv'^2,$$

$$v(a, \varepsilon) = A - u_R(a), \quad v(b, \varepsilon) = 0.$$

现对充分小的 $\varepsilon > 0$, 在区间 $[a, b]$ 上定义界定函数

$$\alpha(t, \varepsilon) = u_R(t) - (r\varepsilon)^{\frac{1}{2q+1}},$$

$$\beta(t, \varepsilon) = u_R(t) + v(t, \varepsilon) + (r\varepsilon)^{\frac{1}{2q+1}},$$

其中 $r > 0$ 为待定常数.

显然, $\alpha, \beta \in C^2[a, b], \alpha \leqslant \beta$, 并且容易检验

$$\alpha(a, \varepsilon) \leqslant A \leqslant \beta(a, \varepsilon),$$

$$\alpha(b, \varepsilon) \leqslant B \leqslant \beta(b, \varepsilon).$$

若取 $r \geqslant \dfrac{(2q+1)!}{m} \max\limits_{a \leqslant t \leqslant b} |u''(t)|$, 则在 $[a, b]$ 上有

$$\begin{aligned}
\varepsilon\alpha'' - f(t, \alpha, \alpha') =&\varepsilon u_{\mathrm{R}}'' - f_{x'}(t, \alpha, u_{\mathrm{R}}')(\alpha' - u_{\mathrm{R}}') \\
&- \frac{1}{2} f_{x'x'}(t, \alpha, u_{\mathrm{R}}' + \theta_1(\alpha' - u_{\mathrm{R}}'))(\alpha' - u_{\mathrm{R}}')^2 \\
&- \frac{1}{(2q+1)!} \frac{\partial^{2q+1}}{\partial x^{2q+1}} f(t, u_{\mathrm{R}} + \theta_2(\alpha - u_{\mathrm{R}}), u_{\mathrm{R}}')(\alpha - u_{\mathrm{R}})^{2q+1} \\
\geqslant&\varepsilon u_{\mathrm{R}}'' + \frac{m}{(2q+1)!} r\varepsilon \geqslant 0.
\end{aligned}$$

类似地, 在 $[a, a + \delta]$ 中有

$$\begin{aligned}
\varepsilon\beta'' - f(t, \beta, \beta') =&\varepsilon u_{\mathrm{R}}'' + \varepsilon v'' - f_{x'}(t, \beta, u_{\mathrm{R}}')v' - \frac{1}{2} f_{x'x'}(t, \beta, u_{\mathrm{R}}' + \theta_1 v')v'^2 \\
&- \frac{1}{(2q+1)!} \frac{\partial^{2q+1}}{\partial x^{2q+1}} f(t, u_{\mathrm{R}} + \theta_2(\beta - u_{\mathrm{R}}), u_{\mathrm{R}}') \left[v + (\varepsilon r)^{\frac{1}{2q+1}} \right]^{2q+1} \\
\leqslant&\varepsilon u_{\mathrm{R}}'' + \varepsilon v'' - kv'^2 - \frac{m}{(2q+1)!} \varepsilon r \\
=&\varepsilon u_{\mathrm{R}}'' - \frac{m}{(2q+1)!} \varepsilon r \leqslant 0.
\end{aligned}$$

而在 $[a + \delta, b]$ 中, 由于 $v(t, \varepsilon) = O(\varepsilon), v'(t, \varepsilon) = O(\varepsilon)$, 故存在 $M > 0$, 使得

$$\varepsilon u_{\mathrm{R}}'' + kv'^2 - \frac{1}{2} f_{x'x'}(t, \beta, u_{\mathrm{R}}' + \theta_1 v')v'^2 \leqslant M\varepsilon.$$

若取 $r \geqslant \dfrac{M}{m}(2q+1)!$, 则有

$$\begin{aligned}
\varepsilon\beta'' - f(t, \beta, \beta') \leqslant&\varepsilon u_{\mathrm{R}}'' + kv'^2 - \frac{1}{2} f_{x'x'}(t, \beta, u_{\mathrm{R}}' + \theta_1 v')v'^2 - \frac{m}{(2q+1)!} \varepsilon r \\
\leqslant&M\varepsilon - \frac{m}{(2q+1)!} \varepsilon r \leqslant 0.
\end{aligned}$$

因此, 只要取 $r \geqslant \dfrac{(2q+1)!}{m} \left(\max\limits_{a \leqslant t \leqslant b} |u_0''(t)| + M \right)$, 就使上述不等式都成立. 已经验证引理 2.2.1 中 α, β 所应满足的全部条件, 因此, 得到如下定理:

定理 2.4.2　在 (H$_1$), (H$_4$), (H$_5$) 的假设下, 存在充分小的正数 ε_0, 使得对任给 $0 < \varepsilon \leqslant \varepsilon_0$, 问题 (2.4.1), (2.4.2) 在 $[a,b]$ 上有解 $x(t,\varepsilon)$, 并且满足

$$|x(t,\varepsilon) - u_{\mathrm{R}}(t)| \leqslant v(t,\varepsilon) + c\varepsilon^{\frac{1}{2q+1}},$$

其中 $v(t,\varepsilon) = -\dfrac{\varepsilon}{k} \ln \dfrac{t - a + (b-t)\exp\left(-\dfrac{k}{\varepsilon}(A - u_{\mathrm{R}}(a))\right)}{b - a}$, c 为正常数.

注 2.4.2　在定理 2.4.1 中, 若将假设 (H$_1$) 改为

(H$_1'$) 存在函数 $u_{\mathrm{L}}(t) \in C^2[a,b]$ 满足退化问题

$$f(t,u,u') = 0, \quad u(a) = A.$$

将区域 D_{R} 改为

$$D_{\mathrm{L}} = \{(t,x,x')|\ a \leqslant t \leqslant b,\ |x - u_{\mathrm{L}}(t)| \leqslant d_{\mathrm{L}}(t),\ |x'| < +\infty\},$$

其中 $d_{\mathrm{L}}(t)$ 为正的连续函数, 使得对某 $\delta > 0$ 足够小,

$$d_{\mathrm{L}}(t) = \delta, \quad a \leqslant t \leqslant b - \delta,$$

$$d_{\mathrm{L}}(t) = |B - u_{\mathrm{L}}(t)| + \delta, \quad b - \frac{\delta}{2} \leqslant t \leqslant b,$$

并且在 D_{L} 中 $f_{x'}(t,x,x') \geqslant 0$, 其余假设作相应修改, 则问题 (2.4.1), (2.4.2) 的边界层出现在右边, 类似于定理 2.4.2 的相应结论也成立.

2.5　两参数问题

在一些实际问题中常常涉及带有多个小参数的问题. 本节简单介绍这类问题的渐近解的构造及其极限性态的讨论.

2.5.1　线性方程的初值问题

首先来观察一个常系数齐次线性方程的初值问题[6]:

$$\varepsilon x'' + \mu a x' + b x = 0, \quad 0 < t < 1, \tag{2.5.1}$$

$$x(0) = 1, \quad x'(0) = 0, \tag{2.5.2}$$

其中 a, b 为正常数, 而 ε, μ 为小的正参数, 并且设当 μ 趋于零时, ε/μ^2 也趋于零. 令

$$\xi = \mu, \quad \eta = \frac{\varepsilon}{\mu^2}. \tag{2.5.3}$$

将 (2.5.3) 代入问题 (2.5.1), (2.5.2), 得到

$$\xi\frac{\mathrm{d}x}{\mathrm{d}t}=y,\quad \xi\eta\frac{\mathrm{d}y}{\mathrm{d}t}=-bx-ay,\quad 0<t<1, \tag{2.5.4}$$

$$x(0)=1,\quad y(0)=0. \tag{2.5.5}$$

然后作伸长变量变换

$$\tau_1=\frac{t}{\xi},\quad \tau_2=\frac{t}{\xi\eta}.$$

不难求出问题 (2.5.4), (2.5.5), 即问题 (2.5.1), (2.5.2) 的解为

$$\begin{aligned}
x_{\varepsilon,\mu}(t)=&\frac{1}{2(1-4\eta b/a^2)^{1/2}}\left\{\left[1+\left(1-\frac{4\eta b}{a^2}\right)^{1/2}\right]\right.\\
&\times \exp\left(-\frac{a\tau_1}{2\eta}\left[1-\frac{2\eta b}{a^2}-\left(1-\frac{4\eta b}{a^2}\right)^{1/2}\right]\right)\exp\left(\frac{-b\tau_1}{a}\right)\\
&+\left[-1+\left(1-\frac{4\eta b}{a^2}\right)^{1/2}\right]\\
&\left.\times \exp\left(-\frac{a\tau_2}{2}\left[-1+\left(1-\frac{4\eta b}{a^2}\right)^{1/2}\right]\right)\exp(-a\tau_2)\right\}.
\end{aligned}$$

由上式可以看出, 问题 (2.5.1), (2.5.2) 的解在 $t=0$ 附近分别有宽度为 $\xi=\mu$ 和 $\xi\eta=\varepsilon/\mu$ 的初始层, 并且 $\xi\eta$ 比 ξ 更小. 因此, 在 $t=0$ 附近有两个层, 构成 "层中层", 即形成 "套层".

2.5.2 方程组的初值问题

现在考虑如下两参数方程组的初值问题[6]:

$$\frac{\mathrm{d}x}{\mathrm{d}t}=u(t,x,y,z,\varepsilon,\mu),\quad x(0,\varepsilon,\mu)=x_0, \tag{2.5.6}$$

$$\varepsilon\frac{\mathrm{d}y}{\mathrm{d}t}=v(t,x,y,z,\varepsilon,\mu),\quad y(0,\varepsilon,\mu)=y_0, \tag{2.5.7}$$

$$\mu\frac{\mathrm{d}z}{\mathrm{d}t}=w(t,x,y,z,\varepsilon,\mu),\quad z(0,\varepsilon,\mu)=z_0, \tag{2.5.8}$$

其中 ε, μ 为正的小参数, u, v, w 分别为关于其变元的无限次可微函数.

通常考察当 $\varepsilon\to0$, $\mu\to0$ 时的如下三种情形:

(1) $\dfrac{\mu}{\varepsilon}\to0$, $\varepsilon\to0$;

(2) $\dfrac{\mu}{\varepsilon}\to1$, $\varepsilon\to0$;

(3) $\dfrac{\varepsilon}{\mu}\to0$, $\mu\to0$.

在情形 (2) 下, 由于这时 $\mu/\varepsilon = O(1)$, 所以原问题实际上是单参数问题; 而在情形 (3) 下, 只需将变量 y, z 互换, 就是情形 (1).

下面仅考虑当 $\mu/\varepsilon \to 0(\varepsilon \to 0)$ 时解的渐近性态.

对应于 (2.5.6)~(2.5.8) 的退化问题为

$$\frac{\mathrm{d}x}{\mathrm{d}t} = u_{00}(x,y,z,t), \quad x(0) = x_{00}^0, \tag{2.5.9}$$

$$v_{00}(x,y,z,t) = 0, \tag{2.5.10}$$

$$w_{00}(x,y,z,t) = 0. \tag{2.5.11}$$

假设

(H₁) 存在连续可微的函数 $\phi(X,Y,t)$ 和 $\psi(X,t)$, 使得

$$w_{00}(X,Y,\phi,t) = 0, \quad \tilde{v}(X,\psi,t) \equiv v_{00}(X,\psi,\phi(X,\psi),t),t) = 0;$$

(H₂) 初值问题

$$\frac{\mathrm{d}X}{\mathrm{d}t} = \tilde{u}(X,t), \ t > 0, \quad X(0) = x_{00}^0$$

在 $t \in [0,1]$ 上存在解 $X_{00}(t)$, 其中 $\tilde{u}(X,t) = u_{00}(X,\psi(X,t),\phi(X,\psi(X,t),t),t)$;

(H₃) 存在正常数 κ, 使得

$$\max_{t\in[0,1]} \{w_{00x}(X_{00}(t),Y_{00}(t),Z_{00}(t),t), \ \tilde{v}_y(X_{00}(t),Y_{00}(t),t)\} \leqslant -\kappa,$$

$$\max_{t\in[0,1]} \{w_{00x}(X_{00}^0,Y_{00}^0,\lambda_1,t), \ \tilde{v}_y(X_{00},\lambda_2,0)\} \leqslant -\kappa,$$

其中 λ_1, λ_2 分别为介于 $\phi(x_{00}^0,y_{00}^0,0)$ 与 z_{00}^0 之间和 $Y_{00}(0)$ 与 y_{00}^0 之间的任意常数.

由假设 (H₁), (H₂), 并设

$$Y_{00}(t) = \psi(X_{00}(t),t), \quad Z_{00}(t) = \phi(X_{00}(t),Y_{00}(t),t),$$

这时不难看出 $(X_{00}(t),Y_{00}(t),Z_{00}(t))$ 就是退化问题 (2.5.9)~(2.5.11) 的一组解.

再设原问题 (2.5.6)~(2.5.8) 有如下形式的解:

$$x\left(t,\varepsilon,\frac{\mu}{\varepsilon}\right) = X\left(t,\varepsilon,\frac{\mu}{\varepsilon}\right) + \varepsilon m\left(\xi,\varepsilon,\frac{\mu}{\varepsilon}\right) + \mu f\left(\eta,\varepsilon,\frac{\mu}{\varepsilon}\right), \tag{2.5.12}$$

$$y\left(t,\varepsilon,\frac{\mu}{\varepsilon}\right) = Y\left(t,\varepsilon,\frac{\mu}{\varepsilon}\right) + n\left(\xi,\varepsilon,\frac{\mu}{\varepsilon}\right) + \frac{\mu}{\varepsilon} g\left(\eta,\varepsilon,\frac{\mu}{\varepsilon}\right), \tag{2.5.13}$$

$$z\left(t,\varepsilon,\frac{\mu}{\varepsilon}\right) = Z\left(t,\varepsilon,\frac{\mu}{\varepsilon}\right) + p\left(\xi,\varepsilon,\frac{\mu}{\varepsilon}\right) + h\left(\eta,\varepsilon,\frac{\mu}{\varepsilon}\right), \tag{2.5.14}$$

其中 ξ, η 为伸长变量,

$$\xi = \frac{t}{\varepsilon}, \quad \eta = \frac{t}{\mu},$$

而 $X, Y, Z, m, n, p, f, g, h$ 均有关于 ε, μ/ε 的双重幂级数展开式, 并且 m, n, p 当 $\xi \to \infty$ 时趋于零, f, g, h 当 $\eta \to \infty$ 时趋于零.

下面用如下三个步骤来构造原问题的形式渐近解 (2.5.12)~(2.5.14).

(1) 由原问题 (2.5.6)~(2.5.8) 形式解的首项 $(X_{00}(t), Y_{00}(t), Z_{00}(t))$ 来确定外部解 $(X(t, \varepsilon, \mu/\varepsilon), Y(t, \varepsilon, \mu/\varepsilon), Z(t, \varepsilon, \mu/\varepsilon))$ 的渐近展开式. 这时, 只需利用假设 $(H_1) \sim (H_3)$, 并设 $X(0, \varepsilon, \mu)$ 待定, 就可以得到形式解满足相应一系列线性系统递推地来决定它们的高阶项.

(2) 求中间形式渐近展开式:

$$X\left(\varepsilon\xi, \varepsilon, \frac{\mu}{\varepsilon}\right) + \varepsilon\, m\left(\xi, \varepsilon, \frac{\mu}{\varepsilon}\right),$$

$$Y\left(\varepsilon\xi, \varepsilon, \frac{\mu}{\varepsilon}\right) + n\left(\xi, \varepsilon, \frac{\mu}{\varepsilon}\right),$$

$$Z\left(\varepsilon\xi, \varepsilon, \frac{\mu}{\varepsilon}\right) + p\left(\xi, \varepsilon, \frac{\mu}{\varepsilon}\right)$$

作为较小的伸长变量 ξ 的函数满足系统 (2.5.6)~(2.5.8). 当 $\varepsilon = \mu/\varepsilon = 0$ 时有

$$\frac{\mathrm{d}\, m_{00}}{\mathrm{d}\xi} = u_{00}(X_{00}(0), Y_{00}(0) + n_{00}(\xi), Z_{00}(0) + p_{00}(\xi), 0)$$
$$- u_{00}(X_{00}(0), Y_{00}(0), Z_{00}(0), 0),$$

$$\frac{\mathrm{d}\, n_{00}}{\mathrm{d}\xi} = v_{00}(X_{00}(0), Y_{00}(0) + n_{00}(\xi), Z_{00}(0) + p_{00}(\xi), 0)$$
$$- v_{00}(X_{00}(0), Y_{00}(0), Z_{00}(0), 0),$$

$$0 = w_{00}(X_{00}(0), Y_{00}(0) + n_{00}(\xi), Z_{00}(0) + p_{00}(\xi), 0).$$

利用 ϕ 的定义, 取

$$p_{00}(\xi) = \phi(X_{00}(0), Y_{00}(0) + n_{00}(\xi), 0) - \phi(X_{00}(0), Y_{00}(0), 0). \tag{2.5.15}$$

因此, 由 $\tilde{v}$ 的定义, 以及由 (2.5.6)~(2.5.8) 和 $n_{00} = y_{00}^0 - Y_{00}(0)$ 可得

$$\frac{\mathrm{d}\, n_{00}}{\mathrm{d}\xi} = \tilde{v}(X_{00}(0), Y_{00}(0) + n_{00}(\xi), 0) - \tilde{v}(X_{00}(0), Y_{00}(0), 0) \equiv n_{00} \tilde{V}(n_{00}(\xi)),$$

故

$$n_{00}(\xi) = n_{00}(0) + \int_0^\xi n_{00}(s) \tilde{V}(n_{00}(s)) \mathrm{d}s, \quad \xi \geqslant 0.$$

应用逐次逼近法可以求得解 $n_{00}(\xi)$, 并由假设 (H_3) 知

$$|n_{00}(\xi)| \leqslant |n_{00}(0)| \exp(-\kappa\xi).$$

再由 (2.5.15) 和 $m_{00}(\xi)$ 所满足的微分方程, 可以得到 $p_{00}(\xi)$ 和

$$m_{00}(\xi) = -\int_\xi^\infty [u_{00}(X_{00}(0), Y_{00}(0) + n_{00}(s), Z_{00}(0) + p_{00}(s), 0)$$
$$- u_{00}(X_{00}(0), Y_{00}(0), Z_{00}(0), 0)]\mathrm{d}s,$$

并且有估计式

$$p_{00}(\xi) = O(\exp(-\kappa\xi)), \quad m_{00}(\xi) = O(\exp(-\kappa\xi)), \quad \xi \to \infty.$$

同时还能看出, m, n, p 的更高阶的系数 m_i, n_i, p_i 将满足一系列线性系统, 只要 $n(0, \varepsilon, \mu/\varepsilon)$ 被确定, 就能用递推决定, 并且当 $\xi \to \infty$ 时, 它们都是指数衰减的函数.

(3) 求完全展开式 (2.5.12)~(2.5.14). 将解看成是较大伸长变量 η 的函数 $x(\mu\eta, \varepsilon, \mu/\varepsilon)$, $y(\mu\eta, \varepsilon, \mu/\varepsilon)$, $z(\mu\eta, \varepsilon, \mu/\varepsilon)$, 满足系统 (2.5.6)~(2.5.8). 当 $\varepsilon = \mu/\varepsilon = 0$ 时有

$$\frac{\mathrm{d}f_{00}}{\mathrm{d}\xi} = u_{00}(x_{00}^0, y_{00}^0, Z_{00}(0) + p_{00}(0) + h_{00}(\eta), 0)$$
$$- u_{00}(x_{00}^0, y_{00}^0, Z_{00}(0) + p_{00}(0), 0),$$

$$\frac{\mathrm{d}g_{00}}{\mathrm{d}\xi} = v_{00}(x_{00}^0, y_{00}^0, Z_{00}(0) + p_{00}(0) + h_{00}(\eta), 0)$$
$$- v_{00}(x_{00}^0, y_{00}^0, Z_{00}(0) + p_{00}(0), 0),$$

$$\frac{\mathrm{d}h_{00}}{\mathrm{d}\xi} = w_{00}(x_{00}^0, y_{00}^0, Z_{00}(0) + p_{00}(0) + h_{00}(\eta), 0)$$
$$- w_{00}(x_{00}^0, y_{00}^0, Z_{00}(0) + p_{00}(0), 0) \equiv h_{00}(\eta)\tilde{W}(h_{00}(\eta)).$$

注意到从 $h_{00}(0) = z_{00}^0 - Z_{00}(0) - p_{00}(0) = z_{00}^0 - \phi(x_{00}^0, y_{00}^0, 0)$ 以及假设 (H$_3$) 和微分方程可知, 当 η 增长时, $|h_{00}(\eta)|$ 单调地衰减至零. f_{00}, g_{00}, h_{00} 都可决定, 并且当 $\eta \to \infty$ 时为指数型衰减的函数. 只要 $h(0, \varepsilon, \mu)$ 被确定, f, g, h 的高阶项也可类似地作为指数型衰减的项而递推地决定. 应用关于 x, y, z 的初始条件可以逐项逐次地得到 X, n, h 的初始条件. 这样, 展开式 (2.5.12)~(2.5.14) 就可以形式上得到. 详细解的形式渐近展开式的构造过程和展开式的一致有效性的证明, 请参见文献 [11].

注 2.5.1   所求解的渐近展开式 (2.5.12)~(2.5.14) 是 t 的函数、ξ 的函数和 η 的函数之和. 展开过程是首先寻求依赖于 t 的外部展开式, 然后构造依赖于奇性较低的伸长变量 $\xi = t/\varepsilon$ 的初始层校正项, 最后再构造依赖于奇性较高的伸长变量 $\eta = t/\mu$ 的初始层校正项. 由于两个初始层校正项分别具有厚度 ε 和 μ, 又因为这时, $\mu/\varepsilon \to 0$, $\varepsilon \to 0$, 所以相应于 ε 的校正项的厚度比相应于 μ 的校正项的厚度大. 这时, 解的渐近式在 $t = 0$ 附近具有两个厚度不同的初始层, 形成 “层中层”, 即 “套层”.

第 3 章　内 层 问 题

第 2 章主要讨论边界层问题, 也有许多实际问题, 其中急剧的变化发生在感兴趣区域的内部. 例如, 从流体力学、固体力学和气体动力学等物理问题中建立的模型压缩流, 以及从混合燃烧、催化反应和稳态浓度等化学问题中导出的化学反应流, 往往会在讨论的区域内呈现脉冲状或冲击层等性态. 这类问题统称为内层问题. 本章主要考虑奇异摄动二阶边值问题的有关内层现象.

3.1　内 层 现 象

在非线性边值问题中, 边界层的位置很强地依赖于边界值. 一个典型的例子是

$$\varepsilon x'' + xx' - x = 0, \quad 0 < t < 1, \tag{3.1.1}$$

$$x(0, \varepsilon) = A, \quad x(1, \varepsilon) = B, \tag{3.1.2}$$

其中 $0 < \varepsilon \ll 1$, A, B 为给定常数.

一些学者[2,5] 指出, 随着边界值 A 和 B 的变化, 问题 (3.1.1), (3.1.2) 除了在端点 $t = 0$ 或 $t = 1$ 处会出现边界层外, 当 A 和 B 满足

$$-1 < A + B < 1 \quad \text{且} \quad B > 1 + A \tag{3.1.3}$$

时, 在内点 $t_0 = \frac{1}{2}(1 - A - B) \in (0, 1)$ 处也会出现单调过渡层 (激波层) 现象.

下面来考虑方程

$$\varepsilon x'' + xx' - \omega x = 0, \quad 0 < t < 1 \tag{3.1.4}$$

附有边界条件 (3.1.2) 的问题, 其中 $\omega > 0$ 为另一个参数.

用匹配渐近展开法, 将外展开式

$$x^\circ = \sum_{j=0}^{\infty} x_j(t)\varepsilon^j$$

代入 (3.1.4) 和 (3.1.2), 并令 ε^0 的系数相等得

$$x_0 x_0' - \omega x = 0, \tag{3.1.5}$$

$$x_0(0) = A, \quad x_0(1) = B.$$

方程 (3.1.5) 的解为

$$x_0 = 0 \quad \text{或} \quad x_0 = \omega t + c_0.$$

由于 $x_0 = 0$ 不能满足一般的边界条件, 必须丢弃, 故由 $x_0 = \omega t + c_0$ 得到两个外特解

$$x_0^{\mathrm{l}}(t) = \omega t + A$$

和

$$x_0^{\mathrm{r}}(t) = \omega t + B - \omega,$$

它们分别为相应的退化问题的左解和右解.

如果 $A \neq B - \omega$, 并且激波层在内点 $t_0 \in (0,1)$ 处出现, 则在 t_0 处引入伸展变换

$$\xi = \frac{t - t_0}{\varepsilon^\lambda} \text{ 或 } t = t_0 + \varepsilon^\lambda \xi, \quad \lambda > 0. \tag{3.1.6}$$

将 (3.1.6) 代入 (3.1.4) 得到

$$\varepsilon^{1-2\lambda}\ddot{x} + \varepsilon^{-\lambda}x\dot{x} - \omega x = 0.$$

可见, 特异极限在 $\lambda = 1$ 时出现, 该方程写为

$$\ddot{x} + x\dot{x} - \varepsilon\omega x = 0. \tag{3.1.7}$$

设内展开式形式为

$$x^{\mathrm{i}} = \sum_{j=0}^{\infty} X_j(\xi)\varepsilon^j,$$

将它代入 (3.1.7), 并令 ε^0 的系数相等可得

$$\ddot{X}_0 + X\dot{X}_0 = 0. \tag{3.1.8}$$

从 (3.1.8) 解出

$$X_0 = k\tan\left(c - \frac{k}{2}\xi\right), \tag{3.1.9}$$

或

$$X_0 = \frac{2}{\xi - c}, \tag{3.1.10}$$

或

$$X_0 = k\frac{c\exp(k\xi) - 1}{c\exp(k\xi) + 1}, \tag{3.1.11}$$

其中 k, c 为积分常数且 $k \neq 0$. 不失一般性, 不妨取 $k > 0$. 按照匹配原则, 应有

$$X_0(-\infty) = \omega t_0 + A, \quad X_0(+\infty) = \omega t_0 + B - \omega. \tag{3.1.12}$$

显然, (3.1.9) 不满足 (3.1.12). 由于 $B - \omega \neq A$, 所以 (3.1.10) 也不满足 (3.1.12), 而将 (3.1.11) 代入 (3.1.12) 可得

$$-k = \omega t_0 + A, \quad k = \omega t_0 + B - \omega.$$

由此定出

$$t_0 = \frac{1}{2\omega}(\omega - A - B), \quad k = \frac{1}{2}(B - A - \omega). \tag{3.1.13}$$

再注意到已假定激波发生在 $t = t_0$(即 $\xi = 0$) 处, 于是有 $X_0(0) = 0$, 故从 (3.1.11) 定出 $c = 1$, 于是

$$X_0 = k\frac{\exp(k\xi) - 1}{\exp(k\xi) + 1} = k \tanh\left(\frac{k}{2}\xi\right).$$

由于要求 $t_0 \in (0, 1)$ 且 $k > 0$, 所以应有

$$0 < \frac{1}{2\omega}(\omega - A - B) < 1 \quad 且 \quad B - A - \omega > 0$$

或

$$-\omega < A + B < \omega \quad 且 \quad B > A + \omega. \tag{3.1.14}$$

综合上面的讨论, 得到复合展开式

$$x(t, \varepsilon) = \omega(t - t_0) + k \tanh\left(\frac{k}{2\varepsilon}(t - t_0)\right) + \cdots,$$

其中 k, t_0 由 (3.1.13) 给出.

下面进一步分析参数 ω 的变化. 当 $\omega = 1$ 时, (3.1.14) 即为条件 (3.1.3). 随着 ω 的减小, 满足 (3.1.14) 的 A, B 的取值范围也随之缩小. 当 $\omega \to 0^+$ 时有 $A + B = 0$ 及 $B > A$. 因此, 边值问题

$$\varepsilon x'' + xx' = 0, \quad 0 < t < 1, \tag{3.1.15}$$

$$x(0, \varepsilon) = A, \quad x(1, \varepsilon) = B \tag{3.1.16}$$

的解仅当 $B = -A > 0$ 时在 $t_0 = \frac{1}{2}$ 处呈激波层性态.

事实上, (3.1.15), (3.1.16) 的精确解可写为

$$x(t, \varepsilon) = k \tanh\left(\frac{k}{2\varepsilon}\left(t - \frac{1}{2}\right)\right),$$

其中 k 满足

$$k + A = (k - A) \exp\left(-\frac{k}{2\varepsilon}\right),$$

从而有

$$\lim_{\varepsilon \to 0} x(t,\varepsilon) = \begin{cases} A, & 0 \leqslant t < \dfrac{1}{2}, \\ 0, & t = \dfrac{1}{2}, \\ B, & \dfrac{1}{2} < t \leqslant 1. \end{cases}$$

这正说明激波在 $t = \dfrac{1}{2}$ 处出现.

现在考虑一般的拟线性 Dirichlet 问题

$$\varepsilon x'' + f(t,x)x' + g(t,x) = 0, \quad a < t < b, \tag{3.1.17}$$

$$x(a,\varepsilon) = A, \quad x(b,\varepsilon) = B, \tag{3.1.18}$$

其中 $0 < \varepsilon \ll 1$, $a, b(a < 0 < b)$ 和 A, B 均为常数. 假设

(H$_1$) f, g 在 $[0,1] \times \mathbf{R}$ 上连续可微;

(H$_2$) 存在函数 $u_\mathrm{L}(t) \in C^2[a,0], u_\mathrm{R}(t) \in C^2[0,b]$ 分别满足退化问题

$$f(t,u)u' + g(t,u) = 0, \quad u(a) = A \tag{3.1.19}$$

和

$$f(t,u)u' + g(t,u) = 0, \quad u(b) = B, \tag{3.1.20}$$

其中 $u_\mathrm{L}(0) \neq u_\mathrm{R}(0)$.

因此, 所述问题 (如果解存在) 在 $t = 0$ 处可能会出现激波层现象. 下面来分析该问题的解在 $t = 0$ 处呈激波层性态的条件, 并用合成展开法构造出在 $[a,b]$ 上具有 $O(\varepsilon)$ 阶一致有效的激波层渐近解. 将

$$U(t,\varepsilon) = \sum_{j=0}^{\infty} u_j(t)\varepsilon^j$$

代入 (3.1.17) 和 $u(a,\varepsilon) = A$(或 $u(b,\varepsilon) = B$), 并令 ε^0 的系数相等得到

$$f(t,u)u_0' + g(t,u_0) = 0, \quad u_0(a) = A(\text{或} u_0(b) = B),$$

它们分别是退化问题 (3.1.9) 或 (3.1.20). 由假设 (H$_2$) 知, $u_0 = u_\mathrm{L}(t)$(或 $u_0 = u_\mathrm{R}(t)$) 是其在 $[a,0]$(或 $[0,b]$) 上的解.

因为 $u_\mathrm{L}(0) \neq u_\mathrm{R}(0)$, 所以需要在 $t = 0$ 附近构造激波层校正项

$$V(\xi,\varepsilon) = v(\xi) + \sum_{j=1}^{\infty} v_j(\xi)\varepsilon^j,$$

其中 $\xi = \dfrac{t}{\varepsilon}$ 为伸长变量. 将 $U(t, \varepsilon) + V(\xi, \varepsilon)$ 代入 (3.3.1) 得到

$$\ddot{V} + f(\xi\varepsilon, U + V)\dot{V} + \varepsilon[f(\xi\varepsilon, U + V) - f(\xi\varepsilon, U)]U'$$
$$+ \varepsilon[g(\xi\varepsilon, U + V) - g(\xi\varepsilon, U)] = 0,$$

令 ε^0 的系数相等可得

$$\ddot{v} + f(0, u_0(0) + v)\dot{v} = 0, \tag{3.1.21}$$

其中 $u_0(0) = u_{\mathrm{L}}(0)$ 或 $u_{\mathrm{R}}(0)$.

当取 $u_0(0) = u_{\mathrm{L}}(0)$ 时, 相应的 $v(\xi)$ 记作 $v_{\mathrm{L}}(\xi)$. 考虑到 $v_{\mathrm{L}}(\xi)$ 作为激波层在 $(-\infty, 0]$ 上的主要校正项, 应满足

$$v_{\mathrm{L}}(-\infty) = 0, \quad \dot{v}_{\mathrm{L}}(-\infty) = 0,$$

故从 (3.1.21) 得

$$\dot{v}_{\mathrm{L}} = -\int_{u_{\mathrm{L}}(0)}^{u_{\mathrm{L}}(0) + v_{\mathrm{L}}} f(0, z)\mathrm{d}z. \tag{3.1.22}$$

类似地, 当取 $u_0(0) = u_{\mathrm{R}}(0)$ 时, $v_{\mathrm{R}}(\xi)(\xi \in [0, +\infty))$ 应满足

$$v_{\mathrm{R}}(+\infty) = 0, \quad \dot{v}_{\mathrm{R}}(+\infty) = 0,$$

于是可得

$$\dot{v}_{\mathrm{R}} = -\int_{u_{\mathrm{R}}(0)}^{u_{\mathrm{R}}(0) + v_{\mathrm{R}}} f(0, z)\mathrm{d}z. \tag{3.1.23}$$

仍由激波层校正项的性质可知, 当 $u_{\mathrm{R}}(0) > u_{\mathrm{L}}(0)$ 时, $\dot{v}(\xi) > 0$; 当 $u_{\mathrm{R}}(0) < u_{\mathrm{L}}(0)$ 时, $\dot{v}(\xi) < 0(v = v_{\mathrm{L}}$ 或 $v_{\mathrm{R}})$. 因此, 总有

$$[u_{\mathrm{R}}(0) - u_{\mathrm{L}}(0)]F(v_{\mathrm{L}}) > 0 \quad \text{且} \quad [u_{\mathrm{R}}(0) - u_{\mathrm{L}}(0)]G(v_{\mathrm{R}}) > 0, \tag{3.1.24}$$

其中

$$F(v_{\mathrm{L}}) = -\int_{u_{\mathrm{L}}(0)}^{u_{\mathrm{L}}(0) + v_{\mathrm{L}}} f(0, z)\mathrm{d}z, \quad G(v_{\mathrm{R}}) = -\int_{u_{\mathrm{R}}(0)}^{u_{\mathrm{R}}(0) + v_{\mathrm{R}}} f(0, z)\mathrm{d}z.$$

从 (3.1.22) 和 (3.1.23) 推出, $v_{\mathrm{L}}(\xi)$ 和 $v_{\mathrm{R}}(\xi)$ 可分别隐式地表示为

$$\xi = \int_{v_{\mathrm{L}}(0)}^{v_{\mathrm{L}}} \frac{\mathrm{d}w}{F(w)} \quad \text{和} \quad \xi = \int_{v_{\mathrm{R}}(0)}^{v_{\mathrm{R}}} \frac{\mathrm{d}w}{G(w)}.$$

用衔接法, 若令

$$v_{\mathrm{L}}(0) = \frac{1}{2}[u_{\mathrm{R}}(0) - u_{\mathrm{L}}(0)] = -v_{\mathrm{R}}(0), \quad \dot{v}_{\mathrm{L}}(0^-) = \dot{v}_{\mathrm{R}}(0^+),$$

则由 (3.1.22), (3.1.23) 得到

$$\int_{u_{\mathrm{L}}(0)}^{u_{\mathrm{R}}(0)} f(0, z)\mathrm{d}z = 0,\tag{3.1.25}$$

并从 (3.1.24) 推出

$$[u_{\mathrm{R}}(0) - u_{\mathrm{L}}(0)] \int_{u_{\mathrm{L}}(0)}^{w} f(0, z)\mathrm{d}z < 0,\tag{3.1.26}$$

其中 w 介于 $u_{\mathrm{L}}(0)$ 与 $u_{\mathrm{R}}(0)$ 之间.

已经构造出问题 (3.1.17), (3.1.18) 的形式零次近似

$$x_0(t, \varepsilon) = \begin{cases} u_{\mathrm{L}}(t) + v_{\mathrm{L}}\left(\dfrac{t}{\varepsilon}\right), & a \leqslant t \leqslant 0, \\[3mm] u_{\mathrm{R}}(t) + v_{\mathrm{R}}\left(\dfrac{t}{\varepsilon}\right), & 0 < t \leqslant b. \end{cases}$$

应用不动点定理 (引理 2.3.1) 不难证明 (与定理 2.3.1 的证明过程相同), 对充分小的 $\varepsilon > 0$, 问题 (3.2.1), (3.2.2) 的解在 $[a, b]$ 上存在, 并可表示为

$$x(t, \varepsilon) = x_0(t, \varepsilon) + O(\varepsilon).$$

由于

$$\lim_{\varepsilon \to 0} x(t, \varepsilon) = \begin{cases} u_{\mathrm{L}}(t), & a \leqslant t < 0, \\ s, & t = 0, \\ u_{\mathrm{R}}(t), & 0 < t \leqslant b, \end{cases}$$

并且 $u_{\mathrm{L}}(0) \neq u_{\mathrm{R}}(0)$, $s = \dfrac{1}{2}[u_{\mathrm{L}}(0) + u_{\mathrm{R}}(0)]$ 介于 $u_{\mathrm{L}}(0)$ 与 $u_{\mathrm{R}}(0)$ 之间, 故解 $x(t, \varepsilon)$ 在 $t = t_0$ 处呈激波层性态.

因此, 有如下结果:

定理 3.1.1   在 $(\mathrm{H}_1), (\mathrm{H}_2)$ 的假设下, 并假设

(H_3) 条件 (3.1.25) 和式 (3.1.26) 成立, 则存在充分小的正数 ε_0, 使得对每个 $0 < \varepsilon \leqslant \varepsilon_0$, 问题 (3.1.17), (3.1.18) 在区间 $[a, b]$ 上有解 $x(t, \varepsilon)$ 在 $t = 0$ 处呈激波层性态, 并且当 $\varepsilon \to 0$ 时, 在 $[a, b]$ 上一致地有

$$x(t, \varepsilon) = x_0(t, \varepsilon) + O(\varepsilon).$$

上面讨论的激波层具有内单调过渡层性态, 另一类内层现象则呈现非单调过渡层性态. 例如, 考虑边值问题

$$\varepsilon(xx'' - x'^2) + 2x^3 = 0, \quad -1 < t < 1,\tag{3.1.27}$$

$$x(-1, \varepsilon) = x(1, \varepsilon) = A(\varepsilon), \tag{3.1.28}$$

其中 $0 < \varepsilon \ll 1, A(\varepsilon)$ 当 $\varepsilon \to 0$ 时具有渐近级数展开式.

若取 $A(\varepsilon) = \operatorname{sech}^2 \dfrac{1}{\sqrt{\varepsilon}}$, 则问题 (3.1.27), (3.1.28) 的精确解为

$$x(t, \varepsilon) = \operatorname{sech}^2 \frac{t}{\sqrt{\varepsilon}}.$$

而 $u(t) \equiv 0$ 是相应的退化问题的解. 易知

$$\lim_{\varepsilon \to 0} x(t, \varepsilon) = \begin{cases} 0, & t \neq 0, \\ 1, & t = 0, \end{cases}$$

这说明解 $x(t, \varepsilon)$ 在 $t = 0$ 处趋于一个尖峰, 通常称该问题的解在 $t = 0$ 处呈尖层性态.

类似地, 容易说明, 函数 $\varphi(t, \varepsilon) = \dfrac{1}{2} \tanh \dfrac{t}{\sqrt{\varepsilon}} + \operatorname{sech}^2 \dfrac{t}{\sqrt{\varepsilon}}$ 在 $t = 0$ 处呈非单调过渡层性态. 有关非单调内层的详细讨论可参见文献 [3], [12], [13].

3.2 角 层

下面来考虑一类与激波层不尽相同的内层现象, 其中急剧的变化不是发生在解的本身, 而是在它的导数上. 例如, 考虑边值问题

$$\varepsilon x'' = 1 - x'^2, \quad 0 < t < 1, \tag{3.2.1}$$

$$x(0, \varepsilon) = A, \quad x(1, \varepsilon) = B, \tag{3.2.2}$$

其中 $0 < \varepsilon \ll 1, A, B$ 为常数且 $|A - B| < 1$.

相应的退化问题

$$1 - u'^2 = 0, \quad u(0) = A$$

和

$$1 - u'^2 = 0, \quad u(1) = B$$

分别有解 $u_{\mathrm{L}}(t) = A - t$ 和 $u_{\mathrm{R}}(t) = t + B - 1$. 取 $t_0 = \dfrac{1}{2}(A - B + 1) \in (0, 1)$, 则 $u_{\mathrm{L}}(t_0) = u_{\mathrm{R}}(t_0)$ 且 $u_{\mathrm{L}}'(t_0^-) \neq u_{\mathrm{R}}'(t_0^+)$. 问题 (3.2.1), (3.2.2) 的精确解可表示为

$$x(t, \varepsilon) = \varepsilon \ln \cosh \left(\frac{1}{\varepsilon} \left[t - \frac{1}{2}(A - B + 1) \right] \right) + \frac{1}{2}(A + B - 1) + O(\varepsilon).$$

易知

$$\lim_{\varepsilon \to 0} x(t, \varepsilon) = \left| t - \frac{1}{2}(A - B + 1) \right| + \frac{1}{2}(A + B - 1)$$

$$= \begin{cases} A - t, & 0 \leqslant t \leqslant t_0, \\ t + B - 1, & t_0 \leqslant t \leqslant 1, \end{cases}$$

这说明解 $x(t, \varepsilon)$ 在 t_0 处趋于角状退化轨道, 这种层现象称为角层现象.

现在考虑一般形式的二阶 Dirichlet 问题

$$\varepsilon x'' = f(t, x, x'), \quad a < t < b, \tag{3.2.3}$$

$$x(a, \varepsilon) = A, \quad x(t, \varepsilon) = B, \tag{3.2.4}$$

其中 $0 < \varepsilon \ll 1$, $a, b(a < 0 < b)$ 和 A, B 均为常数. 假设

(H$_1$) 存在函数 $u_0 = u_{\mathrm{L}}(t) \in C^2[a, 0]$ 和 $u_0 = u_{\mathrm{R}}(t) \in C^2[0, b]$ 分别满足退化问题

$$f(t, u, u') = 0, \quad u(a) = A$$

和

$$f(t, u, u') = 0, \quad u(b) = B,$$

使得 $u_{\mathrm{L}}(0) = u_{\mathrm{R}}(0)$ 及 $u_{\mathrm{L}}'(0) \neq u_{\mathrm{R}}'(0)$;

(H$_2$) 函数 $f, f_x, f_{x'x'} \in C(D)$, 其中

$$D = \{(t, x, x') | a \leqslant t \leqslant b, |x - u_0(t)| \leqslant \delta, |x'| < +\infty\},$$

$\delta > 0$ 为足够小的常数, 并且在 D 中,

$$[u_{\mathrm{R}}'(0) - u_{\mathrm{L}}'(0)]f_{x'x'}(t, x, x') \geqslant 0$$

及

$$f_{x'x'}(t, x, x') = O(1), \quad |x'| \to +\infty;$$

(H$_3$) 存在常数 $k > 0$, 使得在 D 中,

$$f_{x'}(t, x, u_{\mathrm{L}}'(t)) \geqslant k, \quad a \leqslant t \leqslant 0,$$

$$f_{x'}(t, x, u_{\mathrm{R}}'(t)) \leqslant -k, \quad 0 \leqslant t \leqslant b.$$

因此, 所述问题的解 (如果存在) 在 $t = 0$ 处会出现角层性态. 利用由 Jackson[14] 推广的二阶微分不等式理论来证明问题 (3.2.3), (3.2.4) 的解的存在性, 并通过构造界定函数给出解的估计.

为明确起见, 不妨设 $u'_L(0) < u'_R(0)$. 在 $[a, 0)$ 上, 令 $y = x - u_L(t)$, 将它代入方程 (3.2.3) 得

$$\varepsilon y'' = f_{x'}(t, x, u'_L)y' + \frac{1}{2}f_{x'x'}(t, x, u'_L + \theta_1 y')y'^2$$
$$+ f_x(t, u_L + \theta_2 y, u'_L)y - \varepsilon u''_L,$$

其中 $0 < \theta_1, \theta_2 < 1$. 注意到 $f_{x'x'}(t, x, x') = O(1)(|x'| \to +\infty)$, $f_x(t, x, u'_L(t))$ 在 D 中有界, 即存在 $l > 0$, 使得

$$|f_x(t, x, u'_L(t))| \leqslant l.$$

结合 (H₃), 考虑相应的比较方程

$$\varepsilon y'' - ky' + ly = -\varepsilon u''_0.$$

按 2.4 节的讨论, 如果 $0 < \varepsilon < \dfrac{k^2}{4l}$, 则对应的特征方程

$$\varepsilon \lambda^2 - k\lambda + l = 0$$

有两个正实根

$$\lambda_1 = \frac{k}{\varepsilon} + O(1), \quad \lambda_2 = \frac{l}{k} + O(\varepsilon).$$

选取

$$v(t, \varepsilon) = \frac{1}{2\lambda_1}[u'_R(0) - u'_L(0)]\exp(-\lambda_1|t|),$$
$$w_1(t, \varepsilon) = \varepsilon r_1[\exp(\lambda_2(t - a)) - 1],$$
$$w_2(t, \varepsilon) = \varepsilon r_2[\exp(\lambda_2(b - t)) - 1],$$

其中 r_1 为待定常数, $r_2 = \dfrac{\exp(-a) - 1}{\exp(b) - 1}r_1$, 使得 $w_1(0, \varepsilon) = w_2(0, \varepsilon)$, 则 v, w_1, w_2 分别满足

$$\varepsilon v'' - kv' + lv = 0,$$

$$\varepsilon w''_1 - kw'_1 + lw_1 = -\varepsilon r_1 l, \quad w_1(a, \varepsilon) = 0,$$

$$\varepsilon w''_2 + kw'_2 + lw_2 = -\varepsilon r_2 l, \quad w_2(b, \varepsilon) = 0.$$

现在对充分小的 ε: $0 < \varepsilon < \dfrac{k^2}{4l}$, 在区间 $[a, b]$ 上定义界定函数

$$\alpha(t, \varepsilon) = \begin{cases} u_L(t) - w_1(t, \varepsilon), & a \leqslant t \leqslant 0, \\ u_R(t) - w_2(t, \varepsilon), & 0 < t \leqslant b, \end{cases}$$

$$\beta(t, \varepsilon) = \begin{cases} u_L(t) + v(t, \varepsilon) + w_1(t, \varepsilon), & a \leqslant t \leqslant 0, \\ u_R(t) + v(t, \varepsilon) + w_2(t, \varepsilon), & 0 < t \leqslant b. \end{cases}$$

显然, $\alpha, \beta \in C[a,b] \bigcap C^2[(a,o) \bigcup (o,b)], \alpha \leqslant \beta$, 并且容易检验

$$\alpha(a,\varepsilon) \leqslant A \leqslant \beta(a,\varepsilon),$$

$$\alpha(b,\varepsilon) \leqslant B \leqslant \beta(b,\varepsilon).$$

在 $(a,0)$ 上, 只要取 $r_1 > \dfrac{1}{l} \max\limits_{a \leqslant t \leqslant b} |u''_{\mathrm{L}}(t)|$, 就有

$$\begin{aligned}
\varepsilon\alpha'' - f(t,\alpha,\alpha') &= \varepsilon u''_{\mathrm{L}} - \varepsilon w''_1 + f'_x(t,\alpha,u'_{\mathrm{L}})w'_1 \\
&\quad - \frac{1}{2}f_{x'x'}(t,\alpha,u'_{\mathrm{L}} - \theta_1 w'_1)w'^2_1 + f_x(t,u_{\mathrm{L}} - \theta_2 w_1, u'_{\mathrm{L}})w_1 \\
&\geqslant \varepsilon u''_{\mathrm{L}} - \varepsilon w''_1 + kw'_1 - lw_1 \\
&= \varepsilon u''_{\mathrm{R}} + \varepsilon r_1 l \geqslant 0,
\end{aligned}$$

而

$$\begin{aligned}
\varepsilon\beta'' - f(t,\beta,\beta') &= \varepsilon u''_{\mathrm{L}} + \varepsilon v'' + \varepsilon w''_1 - f'_x(t,\beta,u'_{\mathrm{L}})(v' + w'_1) \\
&\quad - \frac{1}{2}f_{x'x'}(t,\beta,u'_{\mathrm{L}} + \theta_1(v' + w'_1))(v' + w'_1)^2 \\
&\quad - f_x(t,u_{\mathrm{L}} + \theta_2(v' + w_1), u'_{\mathrm{L}})(v + w_1) \\
&\leqslant \varepsilon u''_{\mathrm{L}} + \varepsilon v'' + \varepsilon w''_1 - kv' - kw'_1 - \frac{1}{2}f_{x'x'}(t,\beta,u'_{\mathrm{L}} + \theta_1(v' + w'_1))v'^2 \\
&\quad - f_{x'x'}(t,\beta,u'_{\mathrm{L}} + \theta_1(v' + w'_1))v'w'_1 + lv + lw_1.
\end{aligned}$$

由于 $v'(t,\varepsilon) = O(\varepsilon)$, 故存在 $K > 0$, 使得

$$-\frac{1}{2}f_{x'x'}(t,\beta,u'_{\mathrm{L}} + \theta_1(v' + w'_1))v'^2 - f_{x'x'}(t,\beta,u'_{\mathrm{L}} + \theta_1(v' + w'_1))v'w'_1 \leqslant K\varepsilon.$$

于是只要取 $r_1 \geqslant \dfrac{1}{l}\left(\max\limits_{a \leqslant t \leqslant b} |u''_{\mathrm{L}}(t)| + K\right)$, 就有

$$\varepsilon\beta'' - f(t,\beta,\beta') \leqslant \varepsilon u''_{\mathrm{L}} + K\varepsilon - \varepsilon r_1 l \leqslant 0.$$

类似地可以验证, 在 $(0,b)$ 上也成立相应的微分不等式.

此外, 由

$$\lim_{\varepsilon \to 0} \alpha'(0^+) = u'_{\mathrm{R}}(0) > u'_{\mathrm{L}}(0) = \lim_{\varepsilon \to 0} \alpha'(0^-)$$

可知, 存在充分小的 $\varepsilon > 0$, 使得

$$\alpha'(0^+,\varepsilon) > \alpha'(0^-,\varepsilon),$$

并且直接计算可得

$$\beta'(0^+, \varepsilon) < \beta'(0^-, \varepsilon).$$

因此, 有如下定理:

定理 3.2.1　在 $(H_1) \sim (H_3)$ 的假设下, 存在充分小的正数 $\varepsilon_0 < \dfrac{k^2}{4l}$, 使得对每个 $0 < \varepsilon \leqslant \varepsilon_0$, 问题 (3.2.3), (3.2.4) 在 $[a,b]$ 上有一个解 $x(t, \varepsilon)$, 满足

$$|x(t, \varepsilon) - u_0(t)| \leqslant v(t, \varepsilon) + c\varepsilon, \tag{3.2.5}$$

其中 $v(t, \varepsilon) = \dfrac{1}{2\lambda_1}[u_R'(0) - u_L'(0)] \exp(-\lambda_1 |t|), \lambda_1 = \dfrac{k}{\varepsilon} + O(1), c$ 为正常数.

从 (3.2.5) 可以看出

$$\lim_{\varepsilon \to 0} x(t, \varepsilon) = \begin{cases} u_L(t), & a \leqslant t \leqslant 0, \\ u_R(t), & 0 \leqslant t \leqslant b. \end{cases}$$

由于 $u_L(0) = u_R(0)$ 且 $u_L'(0^-) \neq u_R'(0^+)$, 因此, 解 $x(t, \varepsilon)$ 在 $t = 0$ 处呈角层性态.

下面考虑在区域 D 中 $f_{x'}(t, x, x') \leqslant 0$ 的情形. 在 (H_1) 的条件下, 再作如下假设:

(H_4) 函数 $f(t, x, x')$ 在区域 D 中连续, 对 x 和 x' 分别具有连续的 $2q+1$ 阶和 2 阶偏导数, 在 D 中,

$$f_{x'}(t, x, u_L'(t)) \geqslant 0, \quad a \leqslant t \leqslant 0,$$
$$f_{x'}(t, x, u_R'(t)) \leqslant 0, \quad 0 \leqslant t \leqslant b,$$
$$[u_R'(0) - u_L'(0)]f_{x'x'}(t, x, x') \geqslant 0,$$

并且

$$f_{x'x'}(t, x, x') = O(1), \quad |x'| \to +\infty;$$

(H_5) 存在常数 $m > 0$, 在区域 $D \cap ([a,0] \times \mathbf{R}^2)$ 中,

$$\frac{\partial^i f}{\partial x^i}(t, u_L(t), u_L'(t)) \equiv 0, \quad 0 \leqslant i \leqslant 2q,$$

$$\frac{\partial^{2q+1} f}{\partial x^{2q+1}}(t, x, u_R'(t)) \geqslant m,$$

而在区域 $D \cap ([a,0] \times \mathbf{R}^2)$ 中,

$$\frac{\partial^i f}{\partial x^i}(t, u_R(t), u_R'(t)) \equiv 0, \quad 0 \leqslant i \leqslant 2q,$$

$$\frac{\partial^{2q+1} f}{\partial x^{2q+1}}(t, x, u_R'(t)) \leqslant -m,$$

其中 $q \geqslant 1$ 为正整数.

为便于讨论起见, 不妨设 $u'_{\mathrm{L}}(0) < u'_{\mathrm{R}}0)$. 在 $[a,0)$ 上, 令 $y = x - u_{\mathrm{L}}(t)$, 将它代入方程 (3.2.1) 可得

$$\varepsilon y'' = f_{x'}(t, x, u'_{\mathrm{L}}) y' + \frac{1}{2} f_{x'x'}(t, x, u'_{\mathrm{L}} + \theta_1 y') y'^2$$
$$+ \frac{1}{(2q+1)!} \frac{\partial^{2q+1}}{\partial x^{2q+1}} f(t, u_{\mathrm{L}} + \theta_2 y, u'_{\mathrm{L}}) y^{2q+1} - \varepsilon u''_{\mathrm{L}}, \quad 0 < \theta_1, \theta_2 < 1.$$

根据上述假设, 考虑相应的比较方程

$$\varepsilon y'' = \frac{m}{(2q+1)!} y^{2q+1} - \varepsilon u''_{\mathrm{R}}.$$

选取

$$\tilde{v}(t, \varepsilon) = \sigma \left\{ 1 + q \left[\frac{\varepsilon(2q+2)!}{2m} \right]^{-\frac{1}{2}} \sigma^q |t| \right\}^{-\frac{1}{q}}, \tag{3.2.6}$$

其中 $\sigma^{q+1} = \frac{1}{2} |u'_{\mathrm{R}}(0) - u'_{\mathrm{L}}(0)| \left[\frac{\varepsilon(2q+2)!}{2m} \right]^{\frac{1}{2}}$, 则 $\tilde{v}(t, \varepsilon)$ 满足

$$\varepsilon \tilde{v}'' = \frac{m}{(2q+1)!} \tilde{v}^{2q+1}, \quad \tilde{v}(0, \varepsilon) = \sigma.$$

现对充分小的 $\varepsilon > 0$, 在区间 $[a, b]$ 上定义界定函数

$$\alpha(t, \varepsilon) = u_0(t) - (r\varepsilon)^{\frac{1}{2q+1}},$$

$$\beta(t, \varepsilon) = u_0(t) + \tilde{v}(t, \varepsilon) + (r\varepsilon)^{\frac{1}{2q+1}},$$

其中 $r > 0$ 为待定常数. 易知, 在区间 $[a, b]$ 上,

$$\varepsilon \alpha'' - f(t, \alpha, \alpha') = \varepsilon u''_0 - f_{x'}(t, \alpha, u'_0)(\alpha' - u'_0)$$
$$- \frac{1}{2} f_{x'x'}(t, \alpha, u'_0 + \theta_1(\alpha' - u'_0))(\alpha' - u'_0)^2$$
$$- \frac{1}{(2q+1)!} \frac{\partial^{2q+1}}{\partial x^{2q+1}} f(t, u_0 + \theta_2(\alpha - u_0), u'_0)(\alpha - u_0)^{2q+1}$$
$$\geqslant \varepsilon u''_0 + \frac{m}{(2q+1)!} r\varepsilon,$$

故只要取 $r \geqslant \dfrac{(2q+1)!}{m} \max\limits_{a \leqslant t \leqslant b} |u''_0(t)|$, 就有

$$\varepsilon \alpha'' - f(t, \alpha, \alpha') \geqslant 0.$$

类似地, 在 $[-\delta, \delta](0 < \delta \ll 1)$ 中, 只要取 $r \geqslant \dfrac{(2q+1)!}{m} \max\limits_{a \leqslant t \leqslant b} |u_0''(t)|$, 就有

$$\varepsilon\beta'' - f(t, \beta, \beta')$$

$$= \varepsilon u_0'' + \tilde{\varepsilon}'' - f_{x'}(t, \beta, u_0')\tilde{v}' - \frac{1}{2}f_{x'x'}(t, \beta, u_0' + \theta_1\tilde{v}')\tilde{v}'^2$$

$$\quad - \frac{1}{(2q+1)!}\frac{\partial^{2q+1} f}{\partial x^{2q+1}}(t, u_0 + \theta_2(\beta - u_0), u_0')\left[\tilde{v} + (\varepsilon r)^{\frac{1}{2q+1}}\right]^{2q+1}$$

$$\leqslant \varepsilon u_0'' + \varepsilon\tilde{v}'' - \frac{m}{(2q+1)!}\tilde{v}'^2 - \frac{m}{(2q+1)!}\varepsilon r$$

$$= \varepsilon u_0'' - \frac{m}{(2q+1)!}\varepsilon r \leqslant 0,$$

而在 $[a, -\delta] \cup [\delta, b]$ 中, 由于

$$\tilde{v}(t, \varepsilon) = O(\varepsilon), \quad \tilde{v}'(t, \varepsilon) = O(\varepsilon), \quad 0 < \varepsilon \ll 1,$$

故存在 $M > 0$, 使得

$$\varepsilon u_0'' + \frac{m}{(2q+1)!}\tilde{v}'^2 - \frac{1}{2}f_{x'x'}(t, \beta, u_0' + \theta_1\tilde{v}')\tilde{v}'^2 \leqslant M\varepsilon.$$

于是只要取 $r \geqslant \dfrac{M}{m}(2q+1)!$, 就有

$$\varepsilon\beta'' - f(t, \beta, \beta')$$

$$\leqslant \varepsilon u_0'' + \frac{m}{(2q+1)!}\tilde{v}'^2 - \frac{1}{2}f_{x'x'}(t, \beta, u_0' + \theta_1\tilde{v}')\tilde{v}'^2 - \frac{m}{(2q+1)!}\varepsilon r$$

$$\leqslant M\varepsilon - \frac{m}{(2q+1)!}\varepsilon r \leqslant 0.$$

因此, 若取 $r \geqslant \dfrac{(2q+1)!}{m}\left(\max\limits_{a \leqslant t \leqslant b}|u_0''(t)| + M\right)$, 则上述不等式均成立.

此外, 容易检验, 在区间 $[a, b]$ 上, $\alpha, \beta \in C^2[a, b]$, $\quad \alpha \leqslant \beta$, 并且

$$\alpha(a, \varepsilon) \leqslant A \leqslant \beta(a, \varepsilon),$$

$$\alpha(b, \varepsilon) \leqslant B \leqslant \beta(b, \varepsilon).$$

已经验证引理 2.2.1 中 α, β 所应满足的全部条件, 因此, 得到如下定理:

定理 3.2.2 在 $(H_1), (H_4), (H_5)$ 的假设下, 存在充分小的正数 ε_0, 对任给 $0 < \varepsilon \leqslant \varepsilon_0$, 问题 (3.2.3), (3.2.4) 在 $[a, b]$ 上有一个角层解 $x(t, \varepsilon)$, 满足

$$|x(t, \varepsilon) - u_0(t)| \leqslant \tilde{v}(t, \varepsilon) + c\varepsilon^{\frac{1}{2q+1}},$$

其中 $\tilde{v}(t, \varepsilon)$ 由 (3.2.6) 给出, c 为正常数.

3.3　转　向　点

在奇异摄动方程

$$\varepsilon x'' + f(t)x' = g(t, x), \quad a < t < b \tag{3.3.1}$$

中, 若 x' 的系数 $f(t)$ 在 (a, b) 内有零点 $t = t_0$, 则称 t_0 为方程 (3.3.1) 的转向点.

由于方程 (3.3.1) 的退化方程

$$f(t)x' = g(t, x), \quad a < t < b \tag{3.3.2}$$

在 $t = t_0$ 处有 $f(t_0) = 0$, 所以 (3.3.2) 一般为奇性方程.

众所周知, 奇性方程的解的性态较复杂, 故具有转向点的方程 (3.3.1) 的渐近解的性态也比较复杂. 下面来简单论述这个问题.

3.3.1　一个简单的问题

考虑如下一个简单的常系数齐次线性方程的边值问题[5,6]:

$$\varepsilon x'' + 2\alpha t x' - \alpha\beta x = 0, \quad -1 < t < 1, \tag{3.3.3}$$

$$x(-1) = A, \quad x(1) = B, \tag{3.3.4}$$

其中 ε 为正的小参数, $\alpha(\neq 0), \beta, A, B$ 为常数. 注意到方程 (3.3.3) 的退化问题在 $t = 0$ 具有奇性, 但由于在 $t = \pm 1$ 处, $f(t) \equiv 2\alpha t \neq 0$, 所以可以预料, 当 $\alpha > 0$ 时, 在 $t = \pm 1$ 两端的渐近式均为一致有效的, 而当 $\alpha < 0$ 时, 在 $t = \pm 1$ 两端的渐近式均为非一致有效的.

因此, 对于 $\alpha > 0$, 可以预测极限解满足

$$2tz_1 - \beta z_1 = 0, -1 < t < 0, \quad z_1(-1) = A,$$

$$2tz_2 - \beta z_2 = 0, 0 < t < 1, \quad z_2(1) = B,$$

并且在转向点 $t = 0$ 附近具有无界的性态, 它依赖于 β 的符号.

同样地, 对于 $\alpha < 0$, 并当 β 取为 "共振" 现象外, 极限解在 $(-1, 1)$ 上为退化问题的平凡解.

下面来具体讨论问题 (3.3.3), (3.3.4). 作变换 $u = x\exp(\alpha t^2/2\varepsilon)$, 则方程 (3.3.3) 满足

$$\varepsilon^2 u'' = [\alpha t^2 + \varepsilon\alpha(1 + \beta)]u. \tag{3.3.5}$$

不难看出, 抛物柱函数 (即 Weber 函数[15]) $D_n(t), D_{-n-1}(\mathrm{i}t)$ 分别为方程 (3.3.5) 的两个线性无关的解. 因此, 方程 (3.3.3) 的通解为

$$x(t) = \exp\left(\frac{-\alpha t^2}{2\varepsilon}\right)\left[C_1 D_{-1-\beta/2}\left(\sqrt{\frac{2\beta}{\varepsilon}}t\right) + C_2 D_{\beta/2}\left(\mathrm{i}\sqrt{\frac{2\alpha}{\varepsilon}}t\right)\right], \qquad (3.3.6)$$

其中 C_1, C_2 为任意常数. 于是由 (3.3.4),

$$\exp\left(\frac{-\alpha t^2}{2\varepsilon}\right)\left[C_1 D_{-1-\beta/2}\left(\sqrt{\frac{2\alpha}{\varepsilon}}\right) + C_2 D_{\beta/2}\left(\mathrm{i}\sqrt{\frac{2\alpha}{\varepsilon}}\right)\right] = A, \qquad (3.3.7)$$

$$\exp\left(\frac{-\alpha t^2}{2\varepsilon}\right)\left[C_1 D_{-1-\beta/2}\left(-\sqrt{\frac{2\beta}{\varepsilon}}t\right) + C_2 D_{\beta/2}\left(-\mathrm{i}\sqrt{\frac{2\beta}{\varepsilon}}t\right)\right] = B. \qquad (3.3.8)$$

由 (3.3.7), (3.3.8) 可决定常数 C_1, C_2, 代入 (3.3.6), 便为问题 (3.3.3), (3.3.4) 的解.

下面再来进一步分析得到的解 (3.3.6). 对于小的 ε, 抛物柱函数 $D_n(z)$ 的渐近近似式为

$$D_n(z) = \begin{cases} \exp\left(-\dfrac{z^2}{4}\right)z^n[1+o(1)], \quad |z|\to\infty, |\arg z| < \dfrac{3\pi}{4}, \\ \exp\left(-\dfrac{z^2}{4}\right)z^n[1+o(1)] - \dfrac{(2\pi)^{1/2}}{\Gamma(-n)}\dfrac{\exp(n\pi\mathrm{i}+z^2/4)}{z^{n+1}}[1+o(1)], \\ \qquad |z|\to\infty, \dfrac{\pi}{4} < \arg z < \dfrac{5\pi}{4}. \end{cases} \qquad (3.3.9)$$

注意到除非 n 是非负整数, 当 $|z|\to\infty$ 和 $\arg z = \pi$ 时, $D_n(z)$ 是指数型大量. 于是

$$D_n(z) = \exp\left(-\frac{z^2}{4}\right)\mathrm{He}_n(z), \quad n=0,1,2,\cdots,$$

其中 He_n 为 n 次 Hermite 多项式, 满足

$$\mathrm{He}_n(z) = z^n[1+o(1)], \quad |z|\to\infty.$$

因此, 当 n 为非负整数时, $D_n(z)$ 当 $|z|\to\infty$ 和 $\arg z = \pi$ 时是指数型小量. 这种差别对于方程 (3.3.3) 的渐近解的性态具有本质的影响.

现在考察如下 4 种情形:

情形 (1) $\alpha > 0,\ \beta \neq -2n(n=1,2,\cdots)$. 利用 (3.3.9), 线性方程组 (3.3.7), (3.3.8) 具有唯一解

$$C_1(\varepsilon) = \frac{\exp(\alpha/2\varepsilon)}{D_{-1-\beta/2}(-\sqrt{2\alpha/\varepsilon})}[A - (-1)^{\beta/2}B + o(1)],$$

$$C_2(\varepsilon) = \frac{\exp(\alpha/2\varepsilon)}{D_{\beta/2}(-\mathrm{i}\sqrt{2\alpha/\varepsilon})}[(-1)^{\beta/2}B + o(1)].$$

因此, 由 (3.3.6)~(3.3.9) 知

$$x(t) \sim \frac{\Gamma(1+\beta/2)}{2\sqrt{\alpha\pi/\varepsilon}}[A - (-1)^{\beta/2}B + o(1)]\frac{\exp(-\alpha t^2/\varepsilon)}{t^{1+\beta/2}}$$
$$+[(-1)^{\beta/2}B + o(1)](-t)^{\beta/2}, \quad t > 0,$$

或对于任何的 $\delta > 0$,

$$x(t) = O\left(\exp\left(\frac{-\alpha t^2(1-\delta)}{\varepsilon}\right) + [Bt^{\beta/2} + o(1)]\right),$$

所以

$$x(t) \to Bt^{\beta/2} \equiv z_2(t), \quad t > 0, \varepsilon \to 0. \tag{3.3.10}$$

同样地有

$$x(t) = (-x)^{\beta/2}[A - (-1)^{\beta/2}B + (-1)^{\beta/2}B + o(1)]$$
$$+[(-1)^{\beta/2}B + o(1)], \quad t < 0, \varepsilon \to 0$$

或

$$x(t) \to A(-t)^{\beta/2} \equiv z_1(t), \quad t < 0, \varepsilon \to 0. \tag{3.3.11}$$

最后, 因为 $D_n(0) = \dfrac{2^{n/2}\sqrt{\pi}}{\Gamma((1-n)/2)}$, 这时有

$$x(0) = \left(-\sqrt{\frac{\varepsilon}{2\alpha}}\right)^{\beta/2}\left[\frac{A - (-1)^{\beta/2}B}{2^{1+\beta/4}}\frac{\Gamma(1+\beta/2)}{\Gamma(1+\beta/4)} + \frac{\sqrt{\pi}B(-2\mathrm{i})^{\beta/4}}{\Gamma(1/2-\beta/4)} + o(1)\right]$$
$$= O(\varepsilon^{\beta/4}). \tag{3.3.12}$$

因此, 若 $\beta > 0$, 因为 $x(0) \to 0, z_1(0) = z_2(0) = 0$, 于是可得 $x(t)$ 在 $[-1,1]$ 上为一致有效的; 若 $\beta = 0$ 和 $A \neq B$, 则在 $t = 0$ 附近, 因为 $x(0) \to \dfrac{1}{2}(A + B)$, 而 $z_1(t) = A, z_2(t) = B$, 所以 $x(t)$ 不是一致有效的; 但若 $\beta < 0$ 且不是偶整数, 则 $z_1(0), z_2(0)$ 均无定义而像 $\exp(\beta/4)$ 一样无界. 于是概括地说, 这时, 相应退化问题的一致有效性发生在区间 $-1 \leqslant t < 0$ 和 $0 < t \leqslant 1$ 上.

注意到在 (3.3.6) 中应用抛物柱函数和系数 $C_i(i = 1, 2)$ 的展开式, 就能得到问题 (3.3.3), (3.3.4) 的渐近展开式.

情形 (2) $\alpha < 0$, $\beta \neq 2n(n = 0, 1, 2, \cdots)$. 由 (3.3.7)~(3.3.9) 可得

$$C_1 = \frac{\exp(\alpha/2\varepsilon)}{D_{-1-\beta/2}(\mathrm{i}\sqrt{-2\alpha/\varepsilon})}[-(-1)^{\beta/2}A + o(1)],$$

$$C_2 = \frac{\exp(\alpha/2\varepsilon)}{D_{\beta/2}(\sqrt{-2\alpha/\varepsilon})}[B + (-1)^{\beta/2}A + o(1)].$$

因此, 由 (3.3.6)~(3.3.9) 得

$$x(t) = t^{-1-\beta/2}[B + o(1)] \exp\left(\frac{\alpha(1 - t^2)}{\varepsilon}\right), \quad t > 0, \varepsilon \to 0,$$

$$x(t) = (-t)^{-1-\beta/2}[A + o(1)] \exp\left(\frac{\alpha(1 - t^2)}{\varepsilon}\right)$$
$$+ O\left(\exp\left(\frac{\alpha(1 - \delta)}{\varepsilon}\right)\right), \quad t < 0, \varepsilon \to 0,$$

并且对于任何的正常数 δ,

$$x(0) = O\left(\exp\left(\frac{\alpha(1 - \delta)}{\varepsilon}\right)\right).$$

因为这时 $\alpha < 0$, 故有

$$x(t) \to 0, \quad t \in (-1, 1), \varepsilon \to 0. \tag{3.3.13}$$

而在区间两端一般均为非一致有效的.

情形 (3) $\alpha < 0, \beta = 2n(n = 0, 1, 2, \cdots)$. 这时, (3.3.6) 为

$$x(t) = C_1 \exp\left(\frac{-\alpha t^2}{2\varepsilon}\right) D_{-1-n}\left(i\sqrt{\frac{-2\alpha}{\varepsilon}}t\right) + C_2 \mathrm{He}_n\left(-1\sqrt{\frac{-2\alpha}{\varepsilon}}t\right),$$

其中

$$C_1 = \frac{\exp(-\alpha/2\varepsilon)}{D_{-1-n}(i\sqrt{-2\alpha/\varepsilon})}\left\{\frac{1}{2}[B - (-1)^n A] + o(1)\right\},$$

$$C_2 = \frac{1}{\mathrm{He}_n(-\sqrt{-2\alpha/\varepsilon})}\left\{\frac{1}{2}[B - (-1)^n A] + o(1)\right\}.$$

因此, 对于 $t \neq 0$,

$$x(t) = \frac{1}{2}\left\{[B - (-1)^n A]t^{-1-n} \exp\left(\frac{\alpha(1 - t^2)}{\varepsilon}\right) + [B + (-1)^n A]t^n\right\} + o(1).$$

而对于任何的正常数 δ 有

$$x(0) = O\left(\exp\left(\frac{\alpha(1 - \delta)}{\varepsilon}\right)\right).$$

又因为 $\alpha < 0$, 所以在离开 $t = \pm 1$ 处, 成立

$$x(t) \to \frac{1}{2}[B + (-1)^n A]t^n, \quad \varepsilon \to 0. \tag{3.3.14}$$

而在 $t = \pm 1$ 处, 极限解一般是非一致有效的. 又注意到非平凡的极限解满足退化方程, 除非 $B = -(-1)^n A$.

情形 (4) $\alpha > 0, \beta = -2n(n = 1, 2, \cdots)$. 这时, (3.3.6) 为

$$x(t) = C_1 \exp\left(\frac{-\alpha t^2}{\varepsilon}\right) \mathrm{He}_{-1+n}\left(\sqrt{\frac{2\alpha}{\varepsilon}}\, t\right)$$
$$+ C_2 \exp\left(\frac{-\alpha t^2}{2\varepsilon}\right) D_{-n}\left(\mathrm{i}\sqrt{\frac{2\alpha}{\varepsilon}}\, t\right),$$

其中

$$C_1 = \frac{\exp(\alpha/\varepsilon)}{\mathrm{He}_{-1+n}(\sqrt{2\alpha/\varepsilon})}\left\{\frac{1}{2}[B - (-1)^n A] + o(1)\right\},$$
$$C_2 = \frac{\exp(\alpha/\varepsilon)}{D_{-n}(\mathrm{i}\sqrt{2\alpha/\varepsilon})}\left\{\frac{1}{2}[B - (-1)^n A] + o(1)\right\}.$$

因此, 对于 $t \neq 0$,

$$x(t) = \frac{\exp(\alpha(1-t^2)/\varepsilon)}{t^{1-n}}\left\{\frac{1}{2}[B - (-1)^n A] + o(1)\right\}$$
$$+ t^{-n}\left\{\frac{1}{2}[B + (-1)^n A] + o(1)\right\}$$

或

$$x(t) = O\left(\exp\left(\frac{\alpha(1-t^2)}{\varepsilon}\right)\right), \tag{3.3.15}$$

所以在离开 $t = \pm 1$ 处, 当 $\varepsilon \to 0$ 时, $x(t)$ 成为指数型大量. 这种性态只需从一个简单易求解的方程

$$\varepsilon x'' + 2tx' + 2x = 0$$

就可清楚地说明.

综合上述 4 种情形的讨论, 由 (3.3.10)~(3.3.15) 知, 边值问题 (3.3.3), (3.3.4) 的解可以概括如下:

(1) 当 $\alpha > 0, \beta \neq -2n(n = 1, 2, \cdots)$ 时,

$$x(t) \to \begin{cases} A(-t)^{\beta/2}, & -1 \leqslant t < 0, \\ O(\varepsilon^{\beta/4}), & t = 0, \qquad \varepsilon \to 0; \\ B\, t^{\beta/2}, & -1 < t \leqslant 1, \end{cases}$$

(2) 当 $\alpha < 0, \beta \neq 2n(n = 0, 1, 2, \cdots)$ 时,

$$x(t) \to 0, \quad -1 < t < 1, \varepsilon \to 0;$$

(3) 当 $\alpha < 0, \beta = 2n(n = 0, 1, 2, \cdots)$ 时,

$$x(t) \to \frac{1}{2}[B\, t^{\beta/2} + A(-t)^{\beta/2}], \quad -1 < t < 1, \varepsilon \to 0;$$

(4) 当 $\alpha > 0, \beta = -2n(n = 1, 2, \cdots)$ 时,

$$x(t) =\to \infty, \quad -1 < t < 1, \varepsilon \to 0.$$

3.3.2 线性方程的边值问题

考虑如下边值问题[6]:

$$\varepsilon x'' + 2tP(t,\varepsilon)x' - P(t,\varepsilon)Q(t,\varepsilon)x = 0, \quad -1 < t < 1, \tag{3.3.16}$$

$$x(-1) = A, \quad x(1) = B, \tag{3.3.17}$$

其中 ε 为小参数, A, B 为常数, P, Q 关于其变量为实单值解析函数, 显然, 它们关于 ε 可展开为

$$P(t,\varepsilon) \sim \sum_{i=0}^{\infty} P_i(t)\varepsilon^i, \quad Q(t,\varepsilon) \sim \sum_{i=0}^{\infty} Q_i(t)\varepsilon^i, \quad t \in [-1,1], \varepsilon \in S,$$

其中 $P_0(t) \neq 0, S = \{0 < |\varepsilon| \leqslant \varepsilon_0, |\arg \varepsilon| \leqslant \theta_0, \varepsilon_0 > 0, \theta_0 > 0\}$.

于是 $t = 0$ 是方程 (3.3.16) 的转向点. 首先, 引入新的变量

$$\eta(t) = \sqrt{\frac{2}{\alpha} \int_0^t sP_0(s)\mathrm{d}s},$$

其中 $\alpha = P_0(0)$, 而 $t\eta(t) \geqslant 0$. 注意到

$$\eta'(t) = \frac{tA_0(t)}{\alpha\eta(t)} > 0, \quad -1 \leqslant t \leqslant 1,$$

并且 $\eta(0) = 0$, 而 $\eta(t)$ 在 $t \in [-1,1]$ 上是单调增加的函数, 因此, t 能唯一地表示为 η 的增加函数. 以 η 为自变量, 未知函数 x 对于 $\eta_- \equiv \eta(-1) < \eta < \eta(1) \equiv \eta_+$ 满足方程

$$\varepsilon\frac{\mathrm{d}^2x}{\mathrm{d}\eta^2} + \left[2\alpha\eta\frac{P(t,\varepsilon)}{P_0(t)} + \frac{\varepsilon\eta''(t)}{(\eta'(t))^2}\right]\frac{\mathrm{d}x}{\mathrm{d}\eta} - \left[\frac{\alpha^2\eta^2P(t,\varepsilon)Q(t,\varepsilon)}{t^2P_0^2(t)}\right]x = 0.$$

上述方程比 (3.3.16) 稍简单, 并且它的一阶导数的系数当 $\varepsilon = 0$ 时为 $2\alpha\eta$.

于是有如下定理:

定理 3.3.1 存在单值解析函数 $M(\eta,\varepsilon), N(\eta,\varepsilon)$ 和 $\sigma(\varepsilon)$, 使得方程 (3.3.16) 的任一解 $x(t,\varepsilon)$ 都能够表示成

$$x(t,\varepsilon) = M(\eta,\varepsilon)w + \varepsilon N(\eta,\varepsilon)w_\eta,$$

其中 $w(\eta)$ 满足比较方程

$$\varepsilon\frac{\mathrm{d}^2w}{\mathrm{d}\eta^2} + 2\alpha\eta\frac{\mathrm{d}w}{\mathrm{d}\eta} - [\alpha\beta + \varepsilon\sigma(\varepsilon)]w = 0, \qquad (3.3.18)$$

而 $\beta = Q_0(0)$. 上述 M, N, σ 当 $\varepsilon \to 0$ 时, 在扇形区域 S 上具有渐近展开式

$$M(\eta,\varepsilon) \sim \sum_{i=0}^{\infty} M_i(\eta)\varepsilon^i, \quad N(\eta,\varepsilon) \sim \sum_{i=0}^{\infty} N_i(\eta)\varepsilon^i, \quad \sigma(\varepsilon) \sim \sum_{i=0}^{\infty} \sigma_i\varepsilon^i,$$

并且 $M(0,\varepsilon) = 1$.

定理 3.3.1 的进一步讨论及解的一致有效性的证明可参考文献 [6], [17].

注 3.3.1 比较方程 (3.3.18) 与原方程 (3.3.16) 密切相关. 特别地, 若在 (3.3.16) 中将 $P(t,\varepsilon)$ 和 $Q(t,\varepsilon)$ 用 $\alpha = P(0,0)$ 和 $\tilde{\beta} = \beta + \varepsilon\sigma(\varepsilon)/\alpha$ 代替, 用 η 代换 t 后, 这两个方程就完全相同了.

注 3.3.2 用 3.3.1 小节的结果, 不难从定理 3.3.1 看出, 方程 (3.3.16) 的通解为

$$x(\eta) = C_1\exp\left(\frac{-\alpha\eta^2}{2\varepsilon}\right)\left[M(\eta,\varepsilon)D_{-1-\tilde{\beta}/2}\left(\frac{\sqrt{2\alpha}}{\varepsilon}\eta\right)\right.$$

$$\left.-\varepsilon\sqrt{\frac{2\alpha}{\varepsilon}}N(\eta,\varepsilon)D_{-\tilde{\beta}/2}\left(\sqrt{\frac{2\alpha}{\varepsilon}}\eta\right)\right]$$

$$+C_2\exp\left(\frac{-\alpha\eta^2}{2\varepsilon}\right)\left[M(\eta,\varepsilon)D_{\tilde{\beta}/2}\left(\mathrm{i}\sqrt{\frac{2\alpha}{\varepsilon}}\eta\right)\right.$$

$$\left.+\frac{\mathrm{i}}{2}\varepsilon\tilde{\beta}N(\eta,\varepsilon)D_{-1-\tilde{\beta}/2}\left(\mathrm{i}\sqrt{\frac{2\alpha}{\varepsilon}}\eta\right)\right], \quad \eta_- \leqslant \eta \leqslant \eta_+.$$

由定理 3.3.1, 还可以得到如下结果:

定理 3.3.2 假设 $P_0(t) > 0, Q_0(0) \equiv \beta \neq -2n(n = 1, 2, \cdots)$, 则边值问题 (3.3.16), (3.3.17) 对于充分小的 ε, 存在唯一的解 $x(t)$, 使得

$$x(t) = \begin{cases} Z_1(t) + o(1), & -1 \leqslant t < 0, \\ O(\varepsilon^{\beta/4}), & t = 0, \\ Z_2(t) + o(1), & 0 < t \leqslant 1, \end{cases}$$

其中 $Z_i(t)(i = 1, 2)$ 为退化方程

$$2t\frac{\mathrm{d}Z_1}{\mathrm{d}t} - Q_0(t)Z_1 = 0, -1 < t < 0, \quad Z_1(-1) = A,$$

$$2t\frac{\mathrm{d}Z_2}{\mathrm{d}t} - Q_0(t)Z_2 = 0, 0 < t < 1, \quad Z_1(1) = B$$

的解,

$$Z_1(t) = A \exp\left(\int_{-1}^t \frac{Q_0(s)}{2s}\right) ds, \quad Z_2(t) = B \exp\left(\int_1^t \frac{Q_0(s)}{2s}\right) ds.$$

定理 3.3.3 假设 $P_0(t) < 0, Q_0(0) \equiv \beta \neq -2n(n = 0, 1, 2, \cdots)$, 则边值问题 (3.3.16), (3.3.17) 对于充分小的 ε, 存在唯一的解 $x(t)$, 使得

$$x(t) \to 0, \quad -1 < t < 1, \varepsilon \to 0.$$

定理 3.3.2 和定理 3.3.3 的证明可以参见文献 [6].

关于转向点问题更深入的讨论可以参见文献 [10].

第 4 章　泛函微分方程

20 世纪以来, 在物理学、力学、电路信号系统、生态系统、经济学和管理学等领域中出现了大量以泛函微分方程描述系统变化规律的数学模型, 因而泛函微分方程的理论研究得到了越来越多学者的关注. 特别是 20 世纪 70 年代, Hale 的专著[16] 问世以来, 泛函微分方程的振动性理论、稳定性理论和周期解理论等得到迅速发展. 本章主要阐述泛函微分方程的边值问题、初值问题解的边界层的构造方法, 并给出其边值问题的解的一致有效渐近展开式.

4.1　泛函微分方程基本知识

泛函微分方程起源于 1750 年 Euler 提出的古典几何学问题, 即是否存在一种曲线, 它经过平移、旋转运动后与其渐近线重合? Condorcet 给出了此问题的曲线 $r = r(s)$ 所满足的微分方程[17]

$$r(s)\frac{\mathrm{d}r(s)}{\mathrm{d}s} = r(C_1 + r(s)),$$

其中 C_1 为常数, s 表示弧长. 这是历史上出现的第一个泛函微分方程. 随着科学技术的发展, 在社会科学和自然科学的许多学科中出现了大量的时滞动力学模型. 例如, 在生态数学中, 考虑到不同年龄状态的种群共同作用的 Logistic 模型[18]

$$N'(t) = rN(t)\left[1 - \frac{N(t-T)}{K}\right],$$

其中 $N(t)$ 表示 t 时刻种群的密度, r 为内禀增长率, K 为环境负载容量, 时滞量 T 一般是一代种群的平均年龄的大小. 再如, Bateman 给出的商业零售问题的方程[17]

$$p(t) + \int_0^t f(t)p(t-\tau)\mathrm{d}\tau = 1,$$

其中 $p(t), f(t)$ 分别为 t 时刻的库存商品量和商店补充进货速度.

大量考虑时滞问题的另一个领域是信号控制系统. 例如, Minorsk 关于船摆的运动方程[17]

$$m\theta''(t) + c\theta'(t) + q\theta'(t-\tau) + k\theta(t) = f(t),$$

其中 $\theta(t)$ 表示 t 时刻船的摆动角度, m, c, k 为正常数, 时滞量 τ 表示船中控制系统的伺服机构作用的延迟效应的时间.

在通信网络中, 用一个时滞微分方程

$$\frac{\mathrm{d}}{\mathrm{d}t}[u(t) - Ku(t-\tau)] = f(u(t), u(t-\tau))$$

描述无损传输线问题[16], 其中 $\tau = \sqrt{LC}$, L, C 分别为电感与电容.

鉴于这类方程的复杂性, 历史上, 人们曾给它们以各种各样的命名, 如 "病态方程"、"时滞微分方程"、"差分微分方程" 和 "具偏差变元的微分方程" 等. 后来, 人们给这类方程统一命名为泛函微分方程. 泛函微分方程主要分为两类: 滞后型泛函微分方程和中立型泛函微分方程. 为了给出这两类方程的定义, 给出如下记号:

设 $r > 0$ 为常数, Banach 空间 $C_r = C([-r,0], \mathbf{R}^n)$, 其模定义为 $\|\varphi\|_{C_r} = \max\limits_{s \in [-r,0]} |\varphi(s)|$. 如果 $x : [\sigma-r, b) \to \mathbf{R}^n$ 连续, 其中 σ, b 为常数, 令 $x_t(\theta) = x(t+\theta)(\theta \in [-r,0])$, 则易见 $x_t \in C_r(\forall t \in [\sigma, b))$.

定义 4.1.1　设 $\Omega \subset \mathbf{R} \times C_r$ 为开集, $f : \Omega \to \mathbf{R}^n$ 连续, 则称

$$x'(t) = f(t, x_t)$$

为滞后型泛函微分方程, 其 Cauchy 问题定义为

$$x'(t) = f(t, x_t), \tag{4.1.1}$$

$$x_\sigma = \varphi, \quad \varphi \in C_r, \sigma \in \mathbf{R}. \tag{4.1.2}$$

如果 $f(t, \varphi) = a(t)\varphi(0) + \sum\limits_{i=1}^{n} b_i(t)\varphi(-r_i) + h(t)$, 则方程 (4.1.1) 为

$$x'(t) = a(t)x(t) + \sum\limits_{i=1}^{n} b_i(t)x(t-r_i) + h(t). \tag{4.1.3}$$

定义 4.1.2　若存在 $\sigma \in \mathbf{R}$, $A > 0$(可为 ∞), 使得 $x \in C([\sigma-r, \sigma+A), \mathbf{R}^n)$ 满足当 $t \in [\sigma, \sigma+A)$ 时, $(t, x_t) \in \Omega \subseteq \mathbf{R} \times C_r$ 且 $x(t)$ 满足 (4.1.1), 则称 $x(t)$ 为 (4.1.1) 在 $[\sigma-r, \sigma+A)$ 上的一个解. 若 $x(t)$ 还满足 $x_\sigma = \varphi$, 则进一步称 $x(t)$ 为 Cauchy 问题 (4.1.1), (4.1.2) 在 $[\sigma-r, \sigma+A)$ 上的解.

定理 4.1.1[16]　设 $\Omega \subseteq \mathbf{R} \times C$ 为开集, $f \in C(\Omega, \mathbf{R}^n)$ 且 $f(t, \varphi)$ 在 Ω 内的任意紧集上关于 φ 满足 Lipschitz 条件. 若 $(\sigma, \varphi) \in \Omega$, 则 Cauchy 问题 (4.1.1),(4.1.2) 存在唯一解 $x(t, \sigma, \varphi)$, 其中 $t \in [\sigma-r, \sigma+A)$, $A > 0$ 为常数.

对于线性方程 (4.1.3), 如果 $a(t)$, $b_i(t)$ $(i = 1, 2, \cdots, n)$, $h(t)$ 在 $[\sigma, \beta)(\beta$ 可以是 $\infty)$ 上, 则可以证明 Cauchy 问题 (4.1.2), (4.1.3) 在 $[\sigma-r, \beta)$ 上存在唯一解, 其中 $r = \max\limits_{1 \leqslant i \leqslant n} \{r_i\}$.

注 4.1.1　求 Cauchy 问题 (4.1.1), (4.1.2) 的解析解, 一般用分步法[17], 即首先在 $[\sigma,\sigma+r]$ 上, 求微分方程的 Cauchy 问题

$$\boldsymbol{x}'(t) = \boldsymbol{f}(t,\boldsymbol{\varphi}), \quad \boldsymbol{x}(\sigma) = \boldsymbol{\varphi}(0)$$

的解 $\boldsymbol{x}_1(t)$ $(t\in[\sigma,\sigma+r])$. 然后, 在 $[\sigma+r,\sigma+2r]$ 上, 求微分方程 Cauchy 问题

$$\boldsymbol{x}'(t) = \boldsymbol{f}(t,\boldsymbol{x}_{1,\sigma+r}), \quad \boldsymbol{x}(\sigma+r) = \boldsymbol{x}_1(\sigma+r)$$

的解 $\boldsymbol{x}_2(t)$ $(t\in[\sigma+r,\sigma+2r])$. 按此方法, 逐步地可求出在 $[\sigma,\sigma+A)$ 上的解 $\boldsymbol{x}(t,\sigma,\boldsymbol{\varphi})$.

注 4.1.2　Cauchy 问题 (4.1.1), (4.1.2) 的解 $\boldsymbol{x}(t,\sigma,\boldsymbol{\varphi})$ 可向右延拓, 但一般不能向左延拓. 另外, 当 $n=1$ 时, 即使 Cauchy 问题 (4.1.1), (4.1.2) 的解是存在唯一的, 其积分曲线在 tx 平面内也是可以相交的. 这些性质与常微分方程是不同的.

如果 $\boldsymbol{D}(t,\boldsymbol{\varphi}):\mathbf{R}\times C_r\to\mathbf{R}^n$, $\boldsymbol{D}(t,\boldsymbol{\varphi})=\displaystyle\int_{-r}^0 [\mathrm{d}_\theta\boldsymbol{\eta}(t,\theta)]\boldsymbol{\varphi}(\theta)$ 为线性算子, 并且在 $\mathbf{R}\times C_r$ 上连续, 其中对任意的 $t\in\mathbf{R}$, $\boldsymbol{\eta}(t,\theta)$ 为关于 $\theta\in[-r,0]$ 上有界变差的 n 阶矩阵. 令 $\boldsymbol{A}(t,\beta)=\boldsymbol{\eta}(t,\beta^+)-\boldsymbol{\eta}(t,\beta^-)$, 如果 $\det\boldsymbol{A}(t,\beta)\neq0$, 则称算子 $\boldsymbol{D}(t,\beta)$ 在 $\mathbf{R}\times C_r$ 上于 β 处为原子的 (atomic).

例如, 设 $\boldsymbol{D}(t,\boldsymbol{\varphi})=\boldsymbol{a}(t)\boldsymbol{\varphi}(0)+\boldsymbol{b}(t)\boldsymbol{\varphi}(-r)$, 其中 $\boldsymbol{a}(t),\boldsymbol{b}(t)$ 为 $\mathbf{R}$ 上的连续 n 阶矩阵, 则对任意的 $t\in\mathbf{R}$, 可取核函数

$$\eta(t,\theta)=\begin{cases}\boldsymbol{a}(t), & \theta=0,\\ 0, & -r<\theta<0,\\ -\boldsymbol{b}(t), & \theta=-r,\end{cases}$$

使得 $\boldsymbol{D}(t,\boldsymbol{\varphi})=\displaystyle\int_{-r}^0[\mathrm{d}_\theta\boldsymbol{\eta}(t,\theta)]\boldsymbol{\varphi}(\theta)$. 由此可得

$$\det\boldsymbol{A}(t,0)=\det[\boldsymbol{\eta}(t,0^+)-\boldsymbol{\eta}(t,0^-)]=\det\boldsymbol{a}(t),$$

$$\det\boldsymbol{A}(t,-r)=\det[\boldsymbol{\eta}(t,-r^+)-\boldsymbol{\eta}(t,-r^-)]=\det\boldsymbol{b}(t).$$

当 $\det\boldsymbol{a}(t)\neq0$ 时, $\boldsymbol{D}(t,\boldsymbol{\varphi})$ 于 0 处是原子的; 当 $\det\boldsymbol{b}(t)\neq0$ 时, $\boldsymbol{D}(t,\boldsymbol{\varphi})$ 于 $-r$ 处是原子的.

定义 4.1.3　设 $\Omega\subseteq\mathbf{R}\times C_r$ 为开集, $\boldsymbol{f}:\Omega\to\mathbf{R}^n, \boldsymbol{D}:\Omega\to\mathbf{R}^n$ 连续, 并且 $\boldsymbol{D}$ 在 Ω 上于 0 和 $-r$ 处是原子的, 则称方程 $\dfrac{\mathrm{d}}{\mathrm{d}t}\boldsymbol{D}(t,\boldsymbol{\varphi})=\boldsymbol{f}(t,\boldsymbol{x}_t)$ 为算子型中立型泛函微分方程, $\boldsymbol{D}$ 称为差分算子.

对任意的 $(\sigma,\varphi)\in\Omega$, 其 Cauchy 问题为

$$\frac{\mathrm{d}}{\mathrm{d}t}\boldsymbol{D}(t,\boldsymbol{\varphi})=\boldsymbol{f}(t,\boldsymbol{x}_t),\tag{4.1.4}$$

$$x_\sigma = \varphi. \tag{4.1.5}$$

定义 4.1.4 若存在 $\sigma \in \mathbf{R}$, $A > 0$(可为 ∞), 使得 $\boldsymbol{x} \in C([\sigma - r, \sigma + A), \mathbf{R}^n)$ 满足当 $t \in [\sigma, \sigma + A)$ 时, $(t, \boldsymbol{x}_t) \in \Omega$ 且 $\boldsymbol{D}(t, \boldsymbol{x}_t)$ 连续可微, 同时 $\boldsymbol{x}(t)$ 满足 (4.1.4), 则称 $\boldsymbol{x}(t)$ 是 (4.1.4) 在 $[\sigma - r, \sigma + A)$ 上的一个解. 若 $\boldsymbol{x}(t)$ 还满足 $\boldsymbol{x}_\sigma = \varphi$, 则进一步称 $\boldsymbol{x}(t)$ 为 Cauchy 问题 (4.1.4), (4.1.5) 在 $[\sigma - r, \sigma + A)$ 上的解.

定理 4.1.2 设 Ω 为 $\mathbf{R} \times C_r$ 中的开集, $\boldsymbol{f} : \Omega \to \mathbf{R}^n, \boldsymbol{D} : \Omega \to \mathbf{R}^n$ 连续, $\boldsymbol{D}$ 在 Ω 上于 0 和 $-r$ 处是原子的, 并且 $\boldsymbol{f}(t, \varphi)$ 在 Ω 内的任意紧集上关于 φ 满足 Lipschitz 条件. 若 $(\sigma, \varphi) \in \Omega$, 则 Cauchy 问题 (4.1.4), (4.1.5) 存在唯一解 $\boldsymbol{x}(t, \sigma, \varphi)$ 其中 $t \in [\sigma - r, \sigma + A)$, $A > 0$ 为常数.

注 4.1.3 由定义 4.1.4 可知, 如果 $\boldsymbol{x}(t)$ 是 Cauchy 问题 (4.1.4),(4.1.5) 在 $t \in [\sigma - r, \sigma + A)$ 上的解, 则只能保证 $\boldsymbol{D}(t, \boldsymbol{x}_t)$ 在 $t \in [\sigma - r, \sigma + A)$ 上连续可微. 一般而言, $\boldsymbol{x}(t)$ 在 $t \in [\sigma - r, \sigma + A)$ 上是不可微的.

对于非算子型中立型泛函微分方程的 Cauchy 问题

$$x'(t) - cx'(t-r) = ax(t) + bx(t-r) + f(t), \tag{4.1.6}$$

$$x_\sigma = \varphi \tag{4.1.7}$$

的解的存在性的研究, 其中 $a, b, c \in \mathbf{R}$ 为常数, $x(t) \in \mathbf{R}$, $r > 0$ 为常数, $f \in C(\mathbf{R}, \mathbf{R})$, Hale 给出如下结果[16]:

定理 4.1.3 如果 $c \neq 0$, $\varphi \in C^1([-r, 0], \mathbf{R})$, 则 Cauchy 问题 (4.1.6), (4.1.7) 在 $(-\infty, \infty)$ 上存在满足下列条件的唯一解 $x(t)$:

(1) 除 $t = kr(k = 0, \pm 1, \pm 2, \cdots)$ 外, $x(t)$ 连续可微;

(2) $x(t)$ 在 $(-\infty, \infty)$ 内连续可微的充分必要条件是

$$\varphi'(0) = c\varphi'(-r) + a\varphi(0) + b\varphi(-r) + f(0).$$

4.2 滞后型泛函微分方程边界层解

本节讨论奇异摄动滞后型泛函微分方程边值问题的解的边界层函数的构造, 在此基础上, 进一步探讨解的一致有效渐近展开式.

考虑下列滞后型泛函微分方程边值问题:

$$\varepsilon x''(t) = f\left(t, x(t), x(t-\tau), [Tx](t), x'(t), \varepsilon\right), \quad t \in (0, 1), \tag{4.2.1}$$

$$x(t) = \varphi(t, \varepsilon), t \in [-\tau, 0], \quad ax(1) + bx'(1) = A(\varepsilon), \tag{4.2.2}$$

其中 $\varepsilon > 0$ 为小参数, $\tau > 0, a \geqslant 0, b > 0$ 为常数, 而

$$[Tx](t) = \psi(t) + \int_0^t k(t,s)x(s)\mathrm{d}s, \quad t \in [0,1],$$

$\psi(t), k(t,s) \geqslant 0, \varphi(t,\varepsilon)$ 和 $A(\varepsilon)$ 为已知函数.

假设

(H) 当 $\varepsilon = 0$ 时, 初值问题

$$f\left(t, x(t), [Tx]\,(t), x(t-\tau), x'(t), 0\right) = 0, \tag{4.2.3}$$

$$x(t) = \varphi(t, 0), \quad t \in [-\tau, 0] \tag{4.2.4}$$

在 $[-\tau, 1]$ 上存在唯一解 $x_0(t)$.

由于 $x_0(t)$ 在 $t = 1$ 处, $ax_0(1) + bx_0'(1)$ 一般不等于 $A(0)$, 所以边值问题 (4.2.1), (4.2.2) 的解在 $t = 1$ 处具有边界层. 为了构造此边界层函数, 从而给出边值问题 (4.2.1), (4.2.2) 的解的一致有效渐近展开式, 设下列条件成立:

(A_1) 函数 $f(t, x, y, z, w, \varepsilon), \varphi(t, \varepsilon)$ 和 $A(\varepsilon)$ 分别于 $[0,1] \times \mathbf{R}^4 \times [0, \varepsilon_0], [-\tau, 1] \times [0, \varepsilon_0]$ 和 $[0, \varepsilon_0]$ 上适当光滑, ε_0 为正小数;

(A_2) $\psi(t), k(t,s)$ 分别于 $[0,1]$ 和 $[0,1] \times [0,1]$ 上适当光滑;

(A_3) $f_y'(t, x, y, z, w, \varepsilon) \leqslant 0, f_z'(t, x, y, z, w, \varepsilon) \leqslant 0$, 并且存在常数 $m > 0$, 使得当 $(t, x, y, z, w, \varepsilon) \in [0,1] \times \mathbf{R}^4 \times [0, \varepsilon_0]$ 时, $f_w'(t, x, y, z, w, \varepsilon) \geqslant m$;

(A_4) 存在函数 $h: [0, \infty) \to [0, \infty)$ 满足

$$\int_0^\infty \frac{1}{1 + h(s)}\mathrm{d}s = \infty, \tag{4.2.5}$$

使得对 $\forall r > 0$, 当 $t \in [0,1], |x| \leqslant r, |y| \leqslant r, |z| \leqslant r, w \in \mathbf{R}$ 和 $\varepsilon \in [0, \varepsilon_0]$ 时,

$$\left|f(t, x, y, z, w, \varepsilon)\right| \leqslant h(|w|).$$

引理 4.2.1[19]　设下列条件成立:

(B_1) 函数 $F(t, x, y, z, w)$ 在 $[0,1] \times \mathbf{R}^4$ 上连续, 并且对 $\forall r > 0$, 存在满足 (4.2.5) 的函数 $h(t)$, 使得当 $t \in [0,1], |x| \leqslant r, |y| \leqslant r, |z| \leqslant r, w \in \mathbf{R}$ 时,

$$\left|F(t, x, y, z, w)\right| \leqslant h(|w|);$$

(B_2) 函数 $F(t, x, y, z, w)$ 在 $[0,1] \times \mathbf{R}^4$ 上关于 y, z 均单调不增;

(B_3) 存在函数 $\alpha(t), \beta(t) \in C^2[0,1] \cap C[-\tau, 1]$, 使得下列条件成立:

$$\alpha(t) \leqslant \beta(t), t \in [-\tau, 1], \quad a\alpha(1) + b\alpha'(1) \leqslant a\beta(1) + b\beta'(1),$$

$$\alpha''(t) \geqslant F(t, \alpha(t), [T\alpha](t), \alpha(t-\tau), \alpha'(t)), \quad t \in (0, 1),$$

$$\beta''(t) \leqslant F(t, \beta(t), [T\beta](t), \beta(t-\tau), \beta'(t)), \quad t \in (0, 1),$$

则对任意的 $\varphi \in C_\tau$ 和 $A \in \mathbf{R}$, 当 $a \geqslant 0, b > 0$ 或 $a > 0, b \geqslant 0$,

$$\alpha(t) \leqslant \varphi(t) \leqslant \beta(t), \quad t \in [-\tau, 0],$$

$$a\alpha(1) + b\alpha'(1) \leqslant A \leqslant a\beta(1) + b\beta'(1)$$

时, 边值问题

$$x''(t) = F(t, x(t), x(t-\tau), [Tx](t), x'(t)), \quad t \in (0, 1),$$

$$x(t) = \varphi(t), t \in [-\tau, 0], \quad ax(1) + bx'(1) = A$$

存在解 $u(t)$, 满足 $\alpha(t) \leqslant u(t) \leqslant \beta((t)(t \in [-\tau, 1])$.

下面首先构造边值问题 (4.2.1), (4.2.2) 的外部解. 令

$$\varphi(t, \varepsilon) = \varphi_0(t) + \sum_{i=1}^{N+1} \varphi_i(t)\varepsilon^i + r_1, \tag{4.2.6}$$

$$A(\varepsilon) = A_0 + \sum_{i=1}^{N+1} A_i + r_2, \tag{4.2.7}$$

$\varphi_0(t) = \varphi(t, 0), \varphi_i(t) = \left.\dfrac{\partial^i \varphi(t, \varepsilon)}{i!\partial\varepsilon^i}\right|_{\varepsilon=0}, A_0 = A(0), A_i = \left.\dfrac{\mathrm{d}^i A(\varepsilon)}{i!\mathrm{d}\varepsilon^i}\right|_{\varepsilon=0}$, r_1 和 r_2 分别为 (4.2.6) 和 (4.2.7) 的余项. 设

$$v(t, \varepsilon) = v_0(t) + v_1(t)\varepsilon + \cdots + v_N(t)\varepsilon^N + \cdots \tag{4.2.8}$$

为边值问题 (4.2.1), (4.2.2) 的外部解, 将 (4.2.8) 代入 (4.2.1),(4.2.2), 比较 ε 的同次幂, 结合 (4.2.6) 得 $v_0(t)$ 满足

$$f(t, v_0(t), [Tv_0](t), v_0(t-\tau), v_0'(t), 0) = 0, \quad t \in (0, 1), \tag{4.2.9}$$

$$v_0(t) = \varphi_0(t), \quad t \in [-\tau, 0]. \tag{4.2.10}$$

由假设 (H) 可知, (4.2.9), (4.2.10) 存在唯一解 $v_0(t) = x_0(t)$.

同时, $v_i(t)(i = 1, 2, \cdots, N)$ 满足

$$v_{i-1}'(t) = g_1(t)v_i(t) + g_2(t)\int_0^t k(t, s)v_i(s)\mathrm{d}s + g_3(t)v_i(t-\tau)$$

$$+g_4(t)v_i'(t) + p_i(t), \quad t \in (0,1], \tag{4.2.11}$$

$$v_i(t) = \varphi_i(t), \quad t \in [-\tau, 0], \tag{4.2.12}$$

其中

$$g_1(t) = f_x'(t, x_0(t), [Tx_0](t), x_0(t-\tau), x_0'(t), 0),$$

$$g_2(t) = f_y'(t, x_0(t), [Tx_0](t), x_0(t-\tau), x_0'(t), 0),$$

$$g_3(t) = f_z'(t, x_0(t), [Tx_0](t), x_0(t-\tau), x_0'(t), 0),$$

$$g_4(t) = f_w'(t, x_0(t), [Tx_0](t), x_0(t-\tau), x_0'(t), 0),$$

$p_i(t)$ 为 t, $v_j(t)$, $v_j(t-\tau)$, $v_j'(t)$ 和 $\int_0^t k(t,s)v_j(s)\mathrm{d}s(j = 1, 2, \cdots, i-1)$ 的已知函数. 由假设 (A_3) 知 $g_4(t) \geqslant m > 0(t \in [0,1])$. 于是 Cauchy 问题 (4.2.11), (4.2.12) 在 $[-\tau, 1]$ 上存在唯一解 $v_j(t)$.

下面在 $t = 1$ 处构造边界层函数 $u(\eta, \varepsilon)$, 其中 $\eta = \dfrac{1-t}{\varepsilon}$. 令

$$u(\eta, \varepsilon) = \varepsilon u_0(\eta) + \varepsilon^2 u_1(\eta) + \cdots + \varepsilon^{N+1} u_N(\eta) + \cdots,$$

并设

$$x(t, \varepsilon) = v(t, \varepsilon) + u(\eta, \varepsilon)$$

为边值问题 (4.2.1), (4.2.2) 的解, 于是

$$u_0''(\eta) = f\left(1, x_0(1), \psi(1) + \int_0^1 k(1,s)x_0(s)\mathrm{d}s, x_0(1-\tau), x_0'(1) - u_0'(\eta), 0\right)$$

$$-f\left(1, x_0(1), \psi(1) + \int_0^1 k(1,s)x_0(s)\mathrm{d}s, x_0(1-\tau), x_0'(1), 0\right),$$

$$u_0'(0) = \frac{ax_0(1) + bx_0'(1) - A_0}{b}, \quad u_0(\infty) = 0,$$

$$u_1''(\eta) = -F(\eta)u_1'(\eta) + Q_1(\eta),$$

$$u_1'(0) = \frac{ax_1(1) + bx_1'(1) + au_0(0) - A_1}{b}, \quad u_1(\infty) = 0,$$

$$u_i''(\eta) = -F(\eta)u_i'(\eta) + Q_i(\eta),$$

$$u_i'(0) = \frac{ax_t(1) + bx_i'(1) + au_{i-1}(0) - A_i}{b}, \quad u_i(\infty) = 0,$$

其中 $i = 2, 3, \cdots, N$, 而

$$F(\eta) = f_w'\left(1, x_0(1), \psi(1) + \int_0^1 k(1,s)x_0(s)\mathrm{d}s, x_0(1-\tau), x_0'(1) - u_0'(0), 0\right),$$

$Q_1(\eta)$ 为 $\eta, u_0(\eta), u_0'(\eta)$ 的函数, $Q_i(\eta)$ 为 $\eta, u_0(\eta), u_1(\eta), \cdots, u_{i-1}(\eta), u_0'(\eta), u_1'(\eta), \cdots,$ $u_{i-1}'(\eta)$ 的已知函数. 在 $b \neq 0$ 的条件下, 可以证明, 对所有的 $i = 1, 2, \cdots, N, u_i(\eta)$ 在 $[0, \infty)$ 上存在唯一, 并且满足

$$|u_i(\eta)| + |u_i'(\eta)| \leqslant M \exp(-\gamma\eta), \quad \eta \geqslant 0,$$

其中 M, γ 为与 ε 无关的正常数. 再设

$$Z_N(t, \varepsilon) = \sum_{i=0}^{N} [v_i(t) + \varepsilon u_i(\eta)]\varepsilon^i,$$

则由 $v_i(t)$ 和 $u_i(\eta)$ 的定义知, 存在常数 $M_1 > 0$, 使得当 $t \in [0, 1]$ 时,

$$|f(t, Z_N(t, \varepsilon), [TZ_N](t), Z_N(t - \tau, \varepsilon), Z_N'(t, \varepsilon), \varepsilon) - \varepsilon Z_N''(t, \varepsilon)| \leqslant M_1 \varepsilon^{N+1}.$$

令

$$r = \max_{t \in [0,1], \varepsilon \in [0,\varepsilon_0]} |Z_N(t, \varepsilon)|, \quad B = \max_{t \in [0,1]} |\psi(t)|, \quad K = \max_{t,s \in [0,1]} k(t, s), \quad r_0 = B + Kr,$$

同时存在常数 $l > 0$, 使得当 $t \in [0, 1], |x| \leqslant r, |y| \leqslant r_0, |z| \leqslant r, \varepsilon \in [0, \varepsilon_0]$ 时,

$$|f_z(t, x, y, z, Z_N(t, \varepsilon), \varepsilon)| \leqslant l,$$

$$-l \leqslant f_y'(t, x, y, z, Z_N'(t, \varepsilon), \varepsilon) \leqslant 0,$$

$$-l \leqslant f_z'(t, x, y, z, Z_N'(t, \varepsilon), \varepsilon) \leqslant 0.$$

设

$$\alpha(t, \varepsilon) = Z_N(t, \varepsilon) - C\varepsilon^{N+1} \exp(\lambda(t + \tau)) - \frac{M_1 \varepsilon^{N+1}}{2l}, \quad t \in [-\tau, 1],$$

$$\beta(t, \varepsilon) = Z_N(t, \varepsilon) + C\varepsilon^{N+1} \exp(\lambda(t + \tau)) + \frac{M_1 \varepsilon^{N+1}}{2l}, \quad t \in [-\tau, 1],$$

其中 $C > \dfrac{M_1}{2l} + |A_{N+1}| + M$ 为常数, $\lambda \in \left(0, \dfrac{l + \sqrt{l^2 + mlk}}{m} + 1\right)$ 为方程

$$\varepsilon\lambda^3 - m\lambda^2 + 2l\lambda + lk = 0$$

的根. 不难证明

$$\alpha(t, \varepsilon) \leqslant \beta(t, \varepsilon), \quad t \in [-\tau, 0],$$

$$\alpha(t, \varepsilon) \leqslant \varphi(t, \varepsilon) \leqslant \beta(t, \varepsilon), \quad t \in [-\tau, 0],$$

$$a\alpha(1,\varepsilon) + b\alpha'(1,\varepsilon) \leqslant A(\varepsilon) \leqslant a\beta(1,\varepsilon) + b\beta'(1,\varepsilon),$$

$$\varepsilon\alpha''(t,\varepsilon) \geqslant f\left(t,\alpha(t,\varepsilon),[T\alpha(.\varepsilon)](t),\alpha(t-\tau,\varepsilon),\alpha'(t,\varepsilon),\varepsilon\right), \quad t \in [0,1],$$

$$\varepsilon\beta''(t,\varepsilon) \leqslant f\left(t,\beta(t,\varepsilon),[T\beta(.\varepsilon)](t),\beta(t-\tau,\varepsilon),\beta(t,\varepsilon),\varepsilon\right), \quad t \in [0,1].$$

利用引理 4.2.1 得到下列结果:

定理 4.2.1[19]　　设条件 (H) 和 $(A_1) \sim (A_4)$ 成立, 则对充分小的 $\varepsilon > 0$, 边值问题 (4.2.1), (4.2.2) 存在解 $x(t,\varepsilon)$ 满足

$$|x(t,\varepsilon) - Z_N(t,\varepsilon)| \leqslant D\varepsilon^{N+1},$$

其中 D 为与 ε 无关的正常数.

注 4.2.1　　由定理 4.2.1 知, 在 $f'_w(t,x,y,z,w,\varepsilon) \geqslant m > 0$ 下, 边值问题 (4.2.1), (4.2.2) 的边界层在 $t = 1$ 处.

对于奇异摄动边值问题

$$\varepsilon x''(t) = f(t,x(t),x'(t),x(t-\varepsilon),\varepsilon), \quad t \in (0,1) \tag{4.2.13}$$

$$x(t) = \varphi(t,\varepsilon), t \in [-\varepsilon,0], \quad x(1) = A(\varepsilon), \tag{4.2.14}$$

其中 $\varepsilon > 0$ 为小参数. 在 $f'_y(t,x,y,z,\varepsilon) < -m < 0$ 的条件下, 文献 [20] 考虑了边界层的位置及边界层函数的构造, 同时还给出了边值问题 (4.2.13), (4.2.14) 的解的一致有效渐近展开式. 假设

(D_1) $f(t,x,y,z,\varepsilon)$ 于 $[-\varepsilon_0,1] \times \mathbf{R}^3 \times [0,\varepsilon_0]$ 上连续并且关于 x,y,z,ε 适当光滑, $\varphi(t,\varepsilon)$ 于 $[-\varepsilon,0] \times [0,\varepsilon_0]$ 上连续, $A(\varepsilon)$ 关于 ε 适当光滑, $\varepsilon_0 > 0$ 为常数;

(D_2) 退化问题

$$0 = f(t,x(t),x'(t),x(t),0),$$

$$x(1) = A(0)$$

在 $[-\varepsilon_0,1]$ 上存在唯一解 $x^*(t)$ 满足 $x^* \in C^{N+2}_{[-\varepsilon_0,1]}$;

(D_3) 存在常数 $m > 0$, 使得当 $(t,x,y,z,\varepsilon) \in \Omega$ 时,

$$f'_y(t,x,y,z,\varepsilon) < -m < 0, \quad f'_x(t,x,y,z,\varepsilon) \leqslant 0,$$

其中

$$\Omega = \{(t,x,y,z,\varepsilon) \,|\, t \in [-\varepsilon_0,1], |x - x^*(t)| \leqslant d, |y| < \infty, |z - x^*(t)| \leqslant d,$$

$$\varepsilon \in [0,\varepsilon_0], d = |\varphi(0,0)| + \delta\},$$

$\delta > 0$ 为充分小的常数;

(D$_4$) 存在函数 $h : [0,\infty) \to [0,\infty)$ 满足

$$\int_0^\infty \frac{1}{1+h(s)} \mathrm{d}s = \infty,$$

使得对 $\forall r > 0$, 当 $t \in [-\varepsilon_0, 1]$, $|x| \leqslant r$, $y \in \mathbf{R}$, $|z| \leqslant r$, $\varepsilon \in [0, \varepsilon_0]$ 时,

$$\left| f(t, x, y, z, \varepsilon) \right| \leqslant h\left(|y|\right).$$

下面首先构造外部解. 令

$$A(\varepsilon) = A_0 + A_1 \varepsilon + \cdots + A_N \varepsilon^N + O(\varepsilon^{N+1}), \tag{4.2.15}$$

其中 $A_0 = A(0)$, $A_i = \dfrac{1}{i!} A^{(i)}(0)$.

$$x(t, \varepsilon) = x_0(t) + x_1(t)\varepsilon + \cdots + x_N(t)\varepsilon^N + O(\varepsilon^{N+1}) \tag{4.2.16}$$

为外部解, 将 (4.2.15) 和 (4.2.16) 代入 (4.2.13), (4.2.14), 比较 ε 的同次幂系数得

$$f(t, x_0(t), x_0'(t), x_0(t), 0) = 0, \quad x_0(1) = A_0, \tag{4.2.17}$$

$$x_{i-1}''(t) = f_1(t)x_i(t) + f_2(t)x_i'(t) + p_i(t), \quad x_i(1) = A_i, \tag{4.2.18}$$

其中 $f_1(t) = f_x'(t, x_0(t), x_0'(t), 0) + f_z(t, x_0(t), x_0'(t), x_0(t), 0)$, $p_i(t)$ 为 t, $x_0(t)$, $x_0'(t), \cdots, x_0^{(i-1)}(t), x_1(t), x_1'(t), \cdots, x_1^{(i-2)}(t), \cdots, x_{i-1}(t) (i = 1, 2, \cdots, N)$ 的已知函数. 易证, 对所有的 $i = 1, 2, \cdots, N$, Cauchy 问题 (4.2.17), (4.2.18) 存在唯一解 $x_i(t) \in C_{[-\varepsilon_0, 1]}^{N+2-i}$. 令 $X_N(t, \varepsilon) = \displaystyle\sum_{i=1}^{N} x_i(t)\varepsilon^i$, 则易见 $X_N(t, \varepsilon) \in C_{[-\varepsilon_0, 1]}^2$, 并且当 $t \in [0, 1]$ 时,

$$\left| \varepsilon X''(t, \varepsilon) - f(t, X_N(t, \varepsilon), X_N'(t, \varepsilon), X_N(t - \varepsilon, \varepsilon), \varepsilon) \right| \leqslant D\varepsilon^{N+1}, \tag{4.2.19}$$

其中 $D > 0$ 为与 ε 无关的常数.

设 $\Omega_1 = \{(t, x, z) | t \in [-\varepsilon_0, 1], |x - x_0(t)| \leqslant d, |z - x_0(t)| \leqslant d\}$, 并取常数 $l > 0$, 使得 $l > |f_x'(t, x, x_0'(t), z, 0)|$ 且 $l > |f_z'(t, x, x_0'(t), z, 0)|$ $((t, x, z) \in \Omega_1)$. 同时, 取函数

$$\Gamma(t, \varepsilon) = \frac{\varepsilon^{N+1} r}{2l} \left(\mathrm{e}^{-\lambda_2(1-t)} - \frac{1}{2} \right), \quad t \in \mathbf{R},$$

$$w(t, \varepsilon) = \begin{cases} \bar{w}(t, \varepsilon), & t \in [0, 1], \\ |\varphi(t, \varepsilon) - X_N(t, \varepsilon)|, & t \in [-\varepsilon, 0], \end{cases}$$

其中 $r > 0$ 为待定常数, λ_1, λ_2 为方程

$$\varepsilon\lambda^2 + m\lambda + le^{-\lambda\varepsilon} + l = 0$$

在 $\left(-\dfrac{m}{\varepsilon}, -\dfrac{m}{\varepsilon} + k\right)$ 和 $\left(-\dfrac{2l}{m}, 0\right)$ 内的两根, k 满足 $km > l + le^m$.

$$\bar{w}(t, \varepsilon) = |\varphi(0, \varepsilon) - X_N(0, \varepsilon)|e^{\lambda_1 t}, \quad t \in \mathbf{R}.$$

由泛函微分方程理论知, $\Gamma(t, \varepsilon), \bar{w}(t, \varepsilon)$ 满足

$$\varepsilon\Gamma''(t, \varepsilon) + m\Gamma'(t, \varepsilon) + l\Gamma(t, \varepsilon) + l\Gamma(t - \varepsilon, \varepsilon) = -\frac{r}{2}\varepsilon^{N+1}, \quad t \in \mathbf{R}, \tag{4.2.20}$$

$$\varepsilon\bar{w}''(t, \varepsilon) + m\bar{w}(t, \varepsilon) + l\bar{w}(t, \varepsilon) + l\bar{w}(t - \varepsilon, \varepsilon) = 0, \quad t \in \mathbf{R}. \tag{4.2.21}$$

令

$$\alpha(t, \varepsilon) = X_N(t, \varepsilon) - w(t, \varepsilon) - \Gamma(t, \varepsilon), \quad t \in [-\varepsilon, 1],$$

$$\beta(t, \varepsilon) = X_N(t, \varepsilon) + w(t, \varepsilon) + \Gamma(t, \varepsilon), \quad t \in [-\varepsilon, 1],$$

由 (4.2.19)$\sim$(4.2.21) 可得 $\alpha, \beta \in C_{[-\varepsilon, 1]} \cap C_{[0, 1]}^2$, 并且

$$\alpha(t, \varepsilon) \leqslant \beta(t, \varepsilon), \quad t \in [-\varepsilon, 1], \tag{4.2.22}$$

$$\alpha(t, \varepsilon) \leqslant \varphi(t, \varepsilon) \leqslant \beta(t, \varepsilon), \quad t \in [-\varepsilon, 0]. \tag{4.2.23}$$

若取 $r > 4l \displaystyle\max_{\varepsilon \in [-\varepsilon_0, 0]} \left|\dfrac{A^{(N+1)}(\varepsilon)}{(N+1)!}\right| + 2D$, 则可证

$$\alpha(1, \varepsilon) \leqslant A(\varepsilon) \leqslant \beta(1, \varepsilon), \tag{4.2.24}$$

并且当 $t \in [-\varepsilon, 1]$ 时,

$$f(t, \alpha(t, \varepsilon), \alpha'(t, \varepsilon), \alpha(t - \varepsilon, \varepsilon), \varepsilon) - \varepsilon\alpha''(t, \varepsilon)$$

$$\leqslant \varepsilon\bar{w}''(t, \varepsilon) + m\bar{w}'(t, \varepsilon) + l\bar{w}(t, \varepsilon) + l\bar{w}(t - \varepsilon, \varepsilon)$$

$$+\varepsilon\Gamma''(t, \varepsilon) + m\Gamma'(t, \varepsilon) + l\Gamma(t, \varepsilon) + l\Gamma(t - \varepsilon, \varepsilon) + D\varepsilon^{N+1}$$

$$= -\varepsilon^{N+1}\frac{r}{2} + D\varepsilon^{N+1} < 0;$$

当 $t \in [0, \varepsilon]$ 时,

$$f(t, \alpha(t, \varepsilon), \alpha'(t, \varepsilon), \alpha(t - \varepsilon, \varepsilon), \varepsilon) - \varepsilon\alpha''(t, \varepsilon)$$

$$\leqslant \varepsilon\bar{w}''(t, \varepsilon) + m\bar{w}'(t, \varepsilon) + l\bar{w}(t, \varepsilon) + lw(t - \varepsilon, \varepsilon) + D\varepsilon^{N+1} - \frac{r}{2}\varepsilon^{N+1}$$

$$\leqslant \varepsilon\bar{w}''(t, \varepsilon) + m\bar{w}'(t, \varepsilon) + l\bar{w}(t, \varepsilon) + lw(t - \varepsilon, \varepsilon) + l[w(t - \varepsilon, \varepsilon) - \bar{w}(t - \varepsilon, \varepsilon)]$$

$$= l(|\varphi(t - \varepsilon, \varepsilon) - X_N(t - \varepsilon, \varepsilon)| - |\varphi(0, \varepsilon) - X_N(0, \varepsilon)|e^{\lambda_1(t-\varepsilon)}) < 0,$$

即

$$\varepsilon\alpha''(t,\varepsilon) - f(t,\alpha(t,\varepsilon),\alpha'(t,\varepsilon),\alpha(t-\varepsilon,\varepsilon),\varepsilon) \geqslant 0, \quad t \in [-\varepsilon, 1]. \tag{4.2.25}$$

类似地可得

$$\varepsilon\beta''(t,\varepsilon) - f(t,\beta(t,\varepsilon),\beta'(t,\varepsilon),\beta(t-\varepsilon,\varepsilon),\varepsilon) \leqslant 0, \quad t \in [-\varepsilon, 1]. \tag{4.2.26}$$

由 (4.2.22)~(4.2.26), 利用引理 4.2.1 不难得到下列结果:

定理 4.2.2[21]   设条件 $(D_1),(D_2)$ 满足, 并且当 $t \in [-\varepsilon, 0]$ 时有

$$|\varphi(t,\varepsilon) - X_N(t,\varepsilon)| \leqslant |\varphi(0,\varepsilon) - X_N(0,\varepsilon)|, \tag{4.2.27}$$

则当 $\varepsilon > 0$ 充分小时, 边值问题 (4.2.13), (4.2.14) 存在解 $v(t,\varepsilon)$, 满足

$$|v(t,\varepsilon) - X_N(t,\varepsilon)| \leqslant w(t,\varepsilon) + \varGamma(t,\varepsilon), \quad t \in [0,1].$$

注 4.2.2   由定理 4.2.2 可见, 当假设 (D_3) 中的条件 $f_y'(t,x,y,z,\varepsilon) < -m < 0$ 满足时, 边界层一般位于左边界 $t = 0$ 处, 这与常微分方程是类似的[4]. 与常微分方程不同的是, (4.2.27) 是得到边值问题 (4.2.13), (4.2.14) 的解的一致有效渐近展开式的关键条件. 另外, 边值问题 (4.2.13), (4.2.14) 中的滞后量 $\tau = \varepsilon$ 也是关键的, 当 τ 是与 ε 无关的常数时, 在 $f_y'(t,x,y,z,\varepsilon) < -m < 0$ 满足的条件下, 如何确定边界层的位置, 以及如何进一步得到类似于边值问题解的一致有效渐近展开式, 这是值得探讨的新问题.

任景莉和葛渭高[20] 进一步研究了具有非线性边界条件的半线性泛函微分方程边值问题

$$\varepsilon x''(t) = f(t,x(t),x(t-\varepsilon),\varepsilon), \tag{4.2.28}$$

$$x(t) = \varphi(t,\varepsilon), t \in [-\varepsilon_0, 0], \quad h(x(1),x'(1),\varepsilon) = A(\varepsilon), \tag{4.2.29}$$

其中 $\varepsilon \in [0,\varepsilon_0]$ 为小参数.

假设

(H_1) $f(t,x,y,\varepsilon)$ 在 $[-\varepsilon_0, 1] \times \mathbf{R}^2 \times [0,\varepsilon_0]$ 上连续, 并且关于 x,y,ε 适当阶可微, $\varphi(t,\varepsilon)$ 在 $[-\varepsilon_0, 0] \times [0,\varepsilon_0]$ 上连续, 并且关于 ε 适当阶可微, $A(\varepsilon)$ 在 $[0,\varepsilon_0]$ 上连续, $h(x,y,\varepsilon)$ 在 $\mathbf{R}^2 \times [0,\varepsilon_0]$ 上连续可微, 其中 $\varepsilon_0 > 0$ 为小常数;

(H_2) 退化问题

$$f(t,x(t),x(t),0) = 0$$

在 $[-\varepsilon_0, 1]$ 上存在唯一解 $\hat{x}(t) \in C_{[-\varepsilon_0,1]}^{N+2}$, 其中 N 为正整数;

(H$_3$) 令 $\Omega = \{(t,x,y,\varepsilon)|t \in [-\varepsilon_0,1], |x-\hat{x}(t)| \leqslant d, |y-\hat{x}(t)| \leqslant d, \varepsilon \in [0,\varepsilon_0]\}$,
其中 $d = |\varphi(0) - \hat{x}(0)| + \delta, \delta > 0$ 为正数, 并且存在常数 $m > l > 0, l > 0$, 使得当
$(t,x,y,\varepsilon) \in \Omega$ 时,

$$f'_x(t,x,y,\varepsilon) \geqslant m, \quad 0 \leqslant f'_y(t,x,y,\varepsilon) \leqslant l,$$

并且当 $(x,y,\varepsilon) \in \mathbf{R}^2 \times [0,\varepsilon_0]$ 时,

$$h'_x(x,y,\varepsilon_0) \geqslant l_0, \quad h'_y(x,y,\varepsilon_0) > 0.$$

引理 4.2.2[19]　假设下列条件成立:

(1) $F(t,x,y)$ 在 $[0,1] \times \mathbf{R}^2$ 上连续, 并且关于 y 单调不增;

(2) 存在函数 $\alpha, \beta \in C_{[-\tau,1]} \cap C^2_{[0,1]}$, 满足

$$\alpha(t) \leqslant \beta(t), \quad t \in [-\tau,1],$$

$$\alpha''(t) \geqslant F(t,\alpha(t),\alpha(t-\tau)), \quad t \in [0,1],$$

$$\beta''(t) \leqslant F(t,\beta(t),\beta(t-\tau)), \quad t \in [0,1],$$

$$\alpha(1) < \beta(1);$$

(3) $h(x,y)$ 关于 y 不减, 并且

$$h(\alpha(1),\alpha'(1)) \leqslant A, \quad h(\beta(1),\beta'(1)) \geqslant A,$$

则对 $\forall \varphi \in C_{[-\tau,0]}$ 和 $A \in \mathbf{R}$, 当

$$\alpha(t) \leqslant \varphi(t) \leqslant \beta(t), t \in [-\tau,0], \quad \alpha(1) \leqslant A \leqslant \beta(1)$$

时, 边值问题

$$x''(t) = F(t,x(t),x(t-\tau)), \ t \in (0,1),$$

$$x(t) = \varphi(t), \quad t \in [-\tau,0], \quad h(x(1),x'(1)) = A$$

存在解 $x(t)$, 满足 $\alpha(t) \leqslant x(t) \leqslant \beta(t)$ $(t \in [0,1])$.

令

$$x(t,\varepsilon) = x_0(t) + x_1(t)\varepsilon + \cdots + x_N(t)\varepsilon^N + \cdots$$

为边值问题 (4.2.28), (4.2.29) 的外部解, 易得 $x_0(t), x_1(t), \cdots, x_N(t)$ 在 $[-\varepsilon_0,1]$ 上
存在唯一, 并且 $x_i \in C^{N+2-i}_{[-\varepsilon_0,1]}$ $(i = 1,2,\cdots,N)$. 同时, $x_0(t) = \tilde{x}(t)(t \in [-\varepsilon_0,1])$.

设 $X_N(t,\varepsilon) = \displaystyle\sum_{i=0}^{N} x_i(t)\varepsilon^i$, 则 $X_N \in C^2_{[-\varepsilon_0,1]}$, 并且

$$|\varepsilon X''_N(t,\varepsilon) - f(t,X_N(t,\varepsilon),X_N(t-\varepsilon,\varepsilon))| \leqslant D\varepsilon^{N+1},$$

其中 $D > 0$ 为与 ε 无关的常数.

由假设条件 $m > l$ 知, 存在常数 $\delta > 0$, 使得 $m > l + 2\delta$. 取

$$F(\lambda) = \varepsilon\lambda^2 - m\lambda + le^{-\lambda\varepsilon}, \quad F_1(\lambda) = \varepsilon\lambda^2 - m\lambda + le^{\lambda\varepsilon},$$

易证存在 $\lambda_0, \lambda_1 \in \left(-\sqrt{\dfrac{m}{\varepsilon}} + 1, -\sqrt{\dfrac{m - l - \delta}{\varepsilon}} + 1 \right)$, 使得

$$F(\lambda_0) = F_1(\lambda_1) = 0.$$

由条件 $h'_x(x, y, \varepsilon) \geqslant l_0 > 0$ 知, 存在唯一的函数 $\omega(\varepsilon)$, 使得

$$h(\omega(\varepsilon), X'_N(t, \varepsilon), \varepsilon) = A(\varepsilon).$$

令

$$w(t, \varepsilon) = |\omega(\varepsilon) - X_N(1, \varepsilon)|e^{\lambda_1(1-t)}, \quad t \in \mathbf{R},$$

$$\Gamma(t, \varepsilon) = |\varphi(0, \varepsilon) - X_N(0, \varepsilon)|e^{\lambda_0 t}, \quad t \in \mathbf{R}.$$

由泛函微分方程理论知, $w(t, \varepsilon)$, $\Gamma(t, \varepsilon)$ 满足

$$\varepsilon w''(t, \varepsilon) - mw(t, \varepsilon) + lw(t - \varepsilon, \varepsilon) = 0, \quad t \in \mathbf{R},$$

$$\varepsilon \Gamma''(t, \varepsilon) - m\Gamma(t, \varepsilon) + l\Gamma(t - \varepsilon, \varepsilon) = 0, \quad t \in \mathbf{R}.$$

令

$$\alpha(t, \varepsilon) = X_N(t, \varepsilon) - w(t, \varepsilon) - \bar{\Gamma}(t, \varepsilon) - r\varepsilon^{N+1}, \quad t \in [-\varepsilon_0, 1],$$

$$\beta(t, \varepsilon) = X_N(t, \varepsilon) + w(t, \varepsilon) + \bar{\Gamma}(t, \varepsilon) + r\varepsilon^{N+1}, \quad t \in [-\varepsilon_0, 1],$$

其中

$$\bar{\Gamma}(t, \varepsilon) = \begin{cases} |X_N(t, \varepsilon) - w(t, \varepsilon)|, & t \in [-\varepsilon_0, 0], \\ \Gamma(t, \varepsilon), & t \in [0, 1], \end{cases}$$

$r > \dfrac{D}{m - l}$ 为常数. 利用引理 4.2.2 可得下列结果:

定理 4.2.3[20] 设条件 $(H_1) \sim (H_3)$ 满足, 并且当 $t \in [-\varepsilon, 0]$ 时有

$$|\varphi(t, \varepsilon) - X_N(t, \varepsilon)| \leqslant |\varphi(0, \varepsilon) - X_N(0, \varepsilon)|,$$

则当 $\varepsilon > 0$ 充分小时, 边值问题 (4.2.28), (4.2.29) 存在解 $v(t, \varepsilon)$, 满足

$$|v(t, \varepsilon) - X_N(t, \varepsilon)| \leqslant w(t, \varepsilon) + \Gamma(t, \varepsilon) + M\varepsilon^{N+1}, \quad t \in [0, 1],$$

其中 $M > 0$ 为与 ε 无关的常数.

注 4.2.3 由定理 4.2.3 可见, 对于小时滞奇异摄动半线性泛函微分方程的边值问题, 其边界层出现在 $t = 0$ 和 $t = 1$ 处. 但当时滞量 τ 是与 ε 无关的常数时, 边界层位置如何确定, 以及如何构造边界层函数, 这是值得进一步探讨的问题.

4.3   中立型泛函微分方程边界层解

与滞后型方程不同的是, 中立型方程中部分最高阶导数项的自变量出现了时滞. 例如, 在通信网络中用来研究无损耗传输线电流、电压问题[16] 的 D 算子中立型方程

$$\frac{\mathrm{d}}{\mathrm{d}t}[u(t) - Ku(t - \tau)] = f(u(t), u(t - \tau)).$$

在生物数学中, 20 世纪 60 年代, Smith 通过实验得到的非 D 算子中立型方程[22]

$$N'(t) = N(t)[r(t) - \alpha(t)N(t) - \beta(t)N(t - \tau) - c(t)N'(t - \sigma)],$$

其中 $N(t)$ 为种群数量, $r(t)$ 表示出生率与死亡率的差, $\alpha(t) > 0$, $\beta(t) > 0$, $c(t) \in \mathbf{R}$ 为连续函数. 正是因为上述方程中部分最高阶导数项的自变量出现了时滞, 由此导致了求中立型方程 Cauchy 问题的解和边值问题的解要比滞后型方程困难得多.

例 4.3.1   考虑中立型方程的初值问题[6]

$$x'(t) = ax'(t - \varepsilon), \quad t \in \mathbf{R}, \tag{4.3.1}$$

$$x(t) = \varphi(t), \quad t \in [-\varepsilon, 0], \tag{4.3.2}$$

其中 $a \in \mathbf{R}$ 为常数, 满足 $|a| < 1$, $\varphi \in C^1([-\varepsilon, 0], \mathbf{R})$. 由定理 4.1.2 知, Cauchy 问题 (4.3.1), (4.3.2) 在 $(-\infty, \infty)$ 内存在唯一解 $u(t)$. 除 $t = k\varepsilon$ ($k = 0, \pm 1, \pm 2, \cdots$) 外, $u(t)$ 是连续可微的.

易见, Cauchy 问题 (4.3.1), (4.3.2) 的退化问题 ($\varepsilon = 0$)

$$x'(t) = ax'(t), \quad t \in \mathbf{R},$$

$$x(0) = \varphi(0)$$

存在唯一解 $x_0(t) = \varphi(0), (t \in \mathbf{R})$. 显然, Cauchy 问题 (4.3.1), (4.3.2) 在 $t = 0$ 处有边界层, 除非 $\varphi(t) \equiv \varphi(0)$. 为了构造 $t = 0$ 的边界层校正项, 首先需求出 Cauchy 问题 (4.3.1), (4.3.2) 的外部解. Cauchy 问题 (4.3.1), (4.3.2) 的外部解为[23]

$$X(t, \varepsilon) \sim \varphi(0) + \sum_{i=1}^{\infty} X_i(t)\varepsilon^i,$$

其中 $X_i(t)$ ($i = 1, 2, \cdots$) 为常值函数.

设 Cauchy 问题 (4.3.1), (4.3.2) 的解为

$$u(t) = X(t, \varepsilon) + \varepsilon m(\theta, \varepsilon) = X(0, \varepsilon) + \varepsilon m(\theta, \varepsilon), \tag{4.3.3}$$

其中 $t \geqslant 0$, $\theta = \dfrac{t}{\varepsilon}$. 将 (4.3.3) 代入 (4.3.1), (4.3.2) 得

$$m'_\theta(\theta, \varepsilon) = \begin{cases} a\varphi'(\varepsilon(\theta - 1)), & \theta \in [0, 1], \\ am'_\theta(\theta - 1, \varepsilon), & \theta \geqslant 1, \end{cases}$$

因此,

$$m'_\theta(\theta, \varepsilon) = a^{p+1}\varphi'(\varepsilon(\theta - p - 1)), \quad \theta \in [p, p+1], p \geqslant 0.$$

于是积分得

$$m(\theta, \varepsilon) = m(0, \varepsilon) + \sum_{k=0}^{p} \left(\int_k^{k+1} m'_\theta(s, \varepsilon)\mathrm{d}s \right) + \int_p^{\theta} m'(s, \varepsilon)\mathrm{d}s, \quad \theta \in [p, p+1].$$

考虑到 $m(\theta, \varepsilon) \to 0 (\theta \to +\infty)$, 必须选取

$$m(0, \varepsilon) = - \lim_{p \to \infty} \left[\sum_{k=0}^{p} a^{k+1} \int_{-1}^{0} \varphi'(\varepsilon s)\mathrm{d}s \right]$$

$$= \frac{1}{\varepsilon} \left(\frac{a}{1 - a} \right) [\varphi(-\varepsilon) - \varphi(0)].$$

由此得

$$m(\theta, \varepsilon) = \frac{a^{p+1}}{\varepsilon} \left[\frac{\varphi(-\varepsilon) - \varphi(0)}{1 - a} + \varphi(\varepsilon(\theta - p - 1)) - \varphi(-\varepsilon) \right]$$

$$= \frac{a^{p+1}}{\varepsilon(1 - a)} [a\varphi(-\varepsilon) + (1 - a)\varphi(\varepsilon(\theta - p - 1)) - \varphi(0)], \quad \theta \in [p, p+1], p \geqslant 0.$$

$$(4.3.4)$$

又由于 $|a| < 1$, 易见 $m(\theta, \varepsilon) \to 0$ $(\theta \to +\infty)$.

最后, 由 $\varphi(0) = X(0, \varepsilon) + \varepsilon m(0, \varepsilon)$ 得到

$$X(t, \varepsilon) = X(0, \varepsilon) = \frac{1}{1 - a} [a\varphi(-\varepsilon) + (1 - 2a)\varphi(0)], \quad (4.3.5)$$

所以 Cauchy 问题 (4.3.1), (4.3.2) 的解为

$$u(t) = X(t, \varepsilon) + \varepsilon m(\theta, \varepsilon)$$

$$= \frac{1}{1 - a} [a\varphi(-\varepsilon) + (1 - 2a)\varphi(0)]$$

$$+ \frac{a^{p+1}}{1 - a} [a\varphi(-\varepsilon) + (1 - a)\varphi(\varepsilon(\theta - p - 1)) - \varphi(0)]$$

$$= \frac{1}{1 - a} [a\varphi(-\varepsilon) + (1 - 2a)\varphi(0)]$$

$$+ \frac{a^{p+1}}{1 - a} [a\varphi(-\varepsilon) + (1 - a)\varphi(t - \varepsilon(p + 1)) - \varphi(0)],$$

$$\varepsilon p \leqslant t \leqslant \varepsilon(p + 1), p \geqslant 0.$$

当 $\varphi^{(j)}(0)(j = 1, 2, \cdots)$ 存在时, 由 (4.3.5), 当 $t > 0$ 时, Cauchy 问题 (4.3.1), (4.3.2) 的渐近解由外部解

$$X(t, \varepsilon) = X_0(t) + \sum_{j=1}^{\infty} X_j(t)\varepsilon^j$$

给出, 其中

$$X_0(t) = \varphi(0), \quad X_j(t) = \left(\frac{a}{1-a}\right)(-1)^j \frac{\varphi^j(0)}{j!}, j > 0. \tag{4.3.6}$$

在 $t = 0$ 附近, 需要边界层校正项

$$\varepsilon m\left(\frac{t}{\varepsilon}, \varepsilon\right) = \varepsilon \sum_{j=1}^{\infty} m_j\left(\frac{t}{\varepsilon}\right)\varepsilon^j,$$

其中从 (4.3.4) 得

$$m_j\left(\frac{t}{\varepsilon}\right) = \frac{a^{p+1}}{1-a}\frac{\varphi^{j+1}(0)}{(j+1)!}\left[a(-1)^j + (1-a)\left(\frac{t}{\varepsilon} - p - 1\right)^{j+1}\right],$$

$$\varepsilon p \leqslant t \leqslant \varepsilon(p+1), p \geqslant 0, \tag{4.3.7}$$

从而 Cauchy 问题 (4.3.1), (4.3.2) 的一致有效渐近解为

$$u(t, \varepsilon) = X_0(t) + \sum_{j=1}^{\infty} X_j(t)\varepsilon^j + \varepsilon \sum_{j=0}^{\infty} m_j\left(\frac{t}{\varepsilon}\right)\varepsilon^j, \quad t \geqslant 0,$$

其中 $X_j(t)(j = 0, 1, 2, \cdots)$ 由 (4.3.6) 给出, $m_j\left(\frac{t}{\varepsilon}\right)$ $(j = 0, 1, 2, \cdots)$ 由 (4.3.7) 给出.

考察非 D 算子中立型方程的 Cauchy 问题

$$x'(t) = f(t, x(t), x(t-\varepsilon), x'(t-\varepsilon)), \quad t \geqslant 0, \tag{4.3.8}$$

$$x(t) = \varphi(t), \quad t \in [-\varepsilon, 0], \tag{4.3.9}$$

其中 $\varphi \in C^1([-\varepsilon, 0], \mathbf{R})$, $\varepsilon > 0$ 为小参数.

由于方程 (4.3.8) 为非 D 算子中立型方程, 所以其边界层函数的构造更加困难. 在如下假设成立的条件下[6]:

(H$_1$) 函数 $f(t, x, y, u)$ 与 $\varphi(t)$ 关于所有变量都无穷次可微;

(H$_2$) Cauchy 问题 (4.3.8), (4.3.8) 的退化问题在某个区间 $0 \leqslant t \leqslant T$ 上存在唯一无穷次连续可微的解 $X_0(t)$;

(H$_3$) 存在常数 $\kappa > 0$, 使得当 $t \in [0, T]$ 时,

$$|f_u'(t, X_0(t), X_0(t), X_0'(t))| < \mathrm{e}^{-\kappa} < 1,$$

并且当 $|u| < |X_0'(0)| + |X_0'(0) - \varphi'(0)|$ 时,

$$|f_u'(t, \varphi(0), \varphi(0), u)| < e^{-\kappa} < 1,$$

通过寻找外部解和边界层校正函数, 给出了 Cauchy 问题 (4.3.8),(4.3.9) 的一致有效渐近解.

设 Cauchy 问题 (4.3.8),(4.3.9) 具有如下形式的解:

$$x(t, \varepsilon) = X(t, \varepsilon) + \varepsilon m(\theta, \varepsilon), \tag{4.3.10}$$

其中外部解

$$X(t, \varepsilon) = X_0(t) + \sum_{j=1}^{\infty} X_j(t)\varepsilon^j,$$

边界层校正项

$$m(\theta, \varepsilon) = \sum_{j=1}^{\infty} m_j(\theta)\varepsilon^j, \quad \theta = \frac{t}{\varepsilon}.$$

考虑到 $\varphi(t)$ 与 ε 无关, 由 (4.3.10) 和 (4.3.9) 知, 对每个 $j \geqslant 1$,

$$X_j(0) = -m_{j-1}(0). \tag{4.3.11}$$

通过计算, 外部解的每项 $X_j(t)(j \geqslant 1)$ 满足下列常微分方程:

$$X_j'(t) = A(t)X_j(t) + B_{j-1}(t), \tag{4.3.12}$$

其中

$$A(t) = \frac{f_x'(t, X_0(t), X_0(t), X_0(t), X_0'(t))}{1 - f_u'(t, X_0(t), X_0(t), X_0'(t))} + f_y'(t, X_0(t), X_0(t), X_0'(t)),$$

$X_0(t)$ 为退化解, $B_{j-1}(t)$ 为逐次确定的光滑函数.

边界层校正项 $m(\theta, \varepsilon)$ 满足

$$\begin{aligned} m_\theta'(\theta, \varepsilon) =& f(\varepsilon\theta, X(\varepsilon\theta, \varepsilon) + \varepsilon m(\theta, \varepsilon), \varphi(\varepsilon(\theta-1)), \varphi'(\varepsilon(\theta-1))) \\ &- f(\varepsilon\theta, X(\varepsilon\theta, \varepsilon), X(\varepsilon(\theta-1), \varepsilon), X'(\varepsilon(\theta-1), \varepsilon)), \quad \theta \in [0, 1], \end{aligned} \tag{4.3.13}$$

$$\begin{aligned} m_\theta'(\theta, \varepsilon) =& f(\varepsilon\theta, X(\varepsilon\theta, \varepsilon) + \varepsilon m(\theta, \varepsilon), X(\varepsilon(\theta-1), \varepsilon) + \varepsilon m(\theta-1, \varepsilon), \\ & X'(\varepsilon(\theta-1), \varepsilon) + m_\theta'(\theta-1, \varepsilon)) \\ &- f(\varepsilon\theta, X(\varepsilon\theta, \varepsilon), X(\varepsilon(\theta-1), \varepsilon), X'(\varepsilon(\theta-1), \varepsilon)), \quad \theta \in [1, \infty), \end{aligned} \tag{4.3.14}$$

于是对 $\varepsilon = 0$, $m_{0\theta}$ 是满足

$$m_{0\theta}'(\theta) = f(0, X_0(0), \phi(0), \varphi'(0)) - f(0, X_0(0), X_0(0), X_0'(0)), \quad \theta \in [0, 1]$$

和

$$m'_{0\theta}(\theta) = f(0, X_0(0), X_0(0), X'_0(0) + m'_{0\theta}(\theta - 1))$$
$$- f(0, X_0(0), X_0(0), X'_0(0)), \quad \theta \in [1, \infty).$$

通过分部积分法得到的连续解. 因此, $m'_{0\theta}$ 分段为常数. 令

$$m'_{0\theta} = G^0_p, \quad \theta \in [p, p+1], p \geqslant 0,$$

易得

$$m_0(\theta) = m_0(0) + \sum_{l=0}^{\infty} G^0_l + (\theta - p)G^0_p, \quad \theta \in [p, p+1], p \geqslant 0.$$

由条件 (H$_3$) 可得

$$\left| \sum_{l=0}^{\infty} G^0_l \right| < \infty,$$

于是由 $m_0 \to 0(\theta \to \infty)$ 得到

$$X_1(0) = -m_0(0) = \sum_{l=0}^{\infty} G^0_l. \tag{4.3.15}$$

再利用条件 (H$_3$) 可知, 当 $\theta \geqslant 1$ 时,

$$|m'_{0\theta}(\theta)| \leqslant \mathrm{e}^{-\kappa}|m'_{0\theta}(\theta - 1)| \leqslant |X'_0(0) - \varphi'(0)|\mathrm{e}^{-\kappa\theta},$$

并且经积分知, 当 $\theta \to \infty$ 时,

$$m_0(\theta) = O(\mathrm{e}^{-\kappa\theta}).$$

在 (4.3.13) 和 (4.3.14) 中分别对每个 $j \geqslant 1$, 令 ε 的同次幂系数相等得

$$m'_{j\theta}(\theta) = V_{j-1}(\theta) + W(\theta)m'_{j\theta}(\theta - 1),$$

其中 $V_{j-1}(\theta)$ 为当 $l < j$ 时 $m_l(\theta), m_l(\theta - 1)$ 和 $m'_{l\theta}(\theta - 1)$ 的线性组合, 而

$$W(\theta) = \begin{cases} 0, & \theta \in [0, 1], \\ f'_u(0, \varphi(0), \varphi(0), X'_0(0) + m'_{0\theta}(\theta - 1)), & \theta \geqslant 1. \end{cases} \tag{4.3.16}$$

因此, 当 $\theta \in [p, p+1](p \geqslant 0)$ 且为整数时,

$$m'_{j\theta}(\theta) = G^j_p(\theta),$$

其中 $G^j_p(p = 0, 1, 2, \cdots)$ 可依次确定, 于是经分部积分得

$$m_j(\theta) = m_j(0) + \sum_{l=0}^{\infty} \left[\int_l^{l+1} G^j_l(s)\mathrm{d}s \right] + \int_p^{\theta} G^j_p(s)\mathrm{d}s, \quad \theta \in [p, p+1].$$

根据 $m_j(\theta) \to 0(\theta \to \infty)$ 得到

$$X_{j+1}(0) = -m_j(0) = \sum_{l=0}^{\infty} \left[\int_l^{l+1} G_l^j(s)\mathrm{d}s \right].\qquad(4.3.17)$$

另一方面, 由数学归纳法可证明

$$V_{j-1}(\theta) = O(\mathrm{e}^{-\kappa(1-\delta)\theta}),$$

其中 $\delta \in (0,1)$ 为某个确定的常数, 故由 (4.3.16) 知当 $\theta \to \infty$ 时, $m_j(\theta)$ 也是指数型地衰减的, 于是式 (4.3.17) 中的和式是收敛的. 由 (4.3.15) 和 (4.3.17) 可见, 初值问题 (4.3.11), (4.3.12) 在 $[0, +\infty)$ 上存在唯一解.

总结上述过程, 可得如下定理:

定理 4.3.1[6]　在假设 $(H_1) \sim (H_3)$ 下, 当 ε 充分小时, 初值问题 (4.3.8), (4.3.9) 存在唯一解 $x(t,\varepsilon)$, 对每个正整数 N, 恒有

$$x(t,\varepsilon) = X_0(t) + \sum_{j=1}^{N} \left[X_j(t) + m_{j-1}\left(\frac{t}{\varepsilon}\right) \right] \varepsilon^j + \varepsilon^{N+1} R(t,\varepsilon),$$

其中当 $\dfrac{t}{\varepsilon} \to +\infty$ 时, 每个 $m_j \to 0$, 而 $R(t,\varepsilon)$ 在整个区间 $t \in [0,T]$ 上是一致有界的.

当 $f'_u \equiv 0$ 时, 方程为滞后型方程. 这种情况下边界层校正项的计算可大大简化, 由定理 4.3.1 的证明和推导过程可知, 对每个 $j \geqslant 0, m_j(\theta) \equiv 0$. 于是有下列结果:

定理 4.3.2[6]　若 $f'_u \equiv 0$, 且假设 $(H_1) \sim (H_3)$ 成立, 则当 ε 充分小时, 初值问题 (4.3.8), (4.3.9) 在 $[0,T]$ 上存在唯一解 $x(t,\varepsilon)$, 使得对每个正整数 N, 恒有

$$x(t,\varepsilon) = X_0(t) + \sum_{j=1}^{N} X_j(t)\varepsilon^j + O(\varepsilon^{N+1}), \quad 0 \leqslant t \leqslant T, 0 < \varepsilon \ll 1.$$

第 5 章　偏微分方程

本章讨论偏微分方程的奇异摄动问题, 仍沿用处理常微分方程奇异摄动问题的基本思路, 即应用边界层 (包括初始层) 或内层的构造方法获得问题的形式渐近解, 运用极值原理、微分不等式理论、能量积分或不动点定理等方法证明解的存在, 并给出渐近解的余项估计.

5.1　椭圆型方程的边界层

5.1.1　线性椭圆型方程

研究如下线性椭圆型方程的奇异摄动边值问题[5]:

$$L_\varepsilon u_\varepsilon \equiv \varepsilon \left(\frac{\partial^2 u_\varepsilon}{\partial x^2} + \frac{\partial^2 u_\varepsilon}{\partial y^2} \right) - \frac{\partial u_\varepsilon}{\partial y} = 0, \quad 0 < x < l_1, \, 0 < y < l_2, \tag{5.1.1}$$

$$u_\varepsilon(x,0) = f_1(x), \, 0 \leqslant x \leqslant l_1, \quad u_\varepsilon(x,l_2) = f_2(x), \, 0 \leqslant x \leqslant l_1, \tag{5.1.2}$$

$$u_\varepsilon(0,y) = g_1(y), \, 0 \leqslant y \leqslant l_2, \quad u_\varepsilon(l_1,y) = g_2(y), \, 0 \leqslant y \leqslant l_2, \tag{5.1.3}$$

其中 $0 < \varepsilon \ll 1$, $f_i(x)$, $g_i(y)(i=1,2)$ 为充分光滑的函数, 并且满足

$$f_1(0) = g_1(0), \quad f_1(l_1) = g_2(0), \quad f_2(0) = g_1(l_2), \quad f_2(l_1) = g_2(l_2).$$

显然, 问题 (5.1.1)~(5.1.3) 的退化问题

$$\frac{\partial w}{\partial y} = 0, \quad w(x,0) = f_1(x)$$

的解可取为

$$w(x,y) = f_1(x).$$

为了获得原问题的近似解, 需要在另外三条边界附近构造边界层校正项. 在线段 $AD: x=0$, $0 \leqslant y \leqslant l_2$ 附近, 通过特异极限的讨论, 取伸展变量 $\xi = \dfrac{x}{\sqrt{\varepsilon}}$, 构造该边界附近的校正项 $V_1(\xi, y)$, 使它满足

$$\frac{\partial^2 V_1}{\partial \xi^2} - \frac{\partial V_1}{\partial y} = -\varepsilon \frac{\partial^2 V_1}{\partial y^2} - \varepsilon f_1''(x), \quad 0 < \xi < \frac{l_1}{\sqrt{\varepsilon}}, \, 0 < y < l_2,$$

$$V_1(\xi,0) = 0, \quad 0 \leqslant \xi < \frac{l_1}{\sqrt{\varepsilon}},$$

$$V_1(0,y) = g_1(y) - f_1(0), \quad 0 \leqslant y \leqslant l_2,$$

取 V_1 的零次近似

$$v_1(\xi,y) = \sqrt{\frac{2}{\pi}} \int_{\frac{\xi}{\sqrt{2y}}}^{+\infty} \left[g_1 \left(y - \frac{\xi^2}{2t^2} \right) - f_1(0) \right] \exp \left(-\frac{t^2}{2} \right) \mathrm{d}t,$$

它满足

$$\frac{\partial^2 v_1}{\partial \xi^2} - \frac{\partial v_1}{\partial y} = 0, \quad 0 < \xi < +\infty,\ 0 < y < l_2, \tag{5.1.4}$$

$$v_1(\xi,0) = 0, \quad 0 \leqslant \xi < +\infty, \tag{5.1.5}$$

$$v_1(0,y) = g_1(y) - f_1(0) \equiv \varphi_1(y), \quad 0 \leqslant y \leqslant l_2, \tag{5.1.6}$$

并且

$$|v_1(\xi,y)| \leqslant \frac{2}{\sqrt{\pi}} M \operatorname{erfc} \left[\frac{\xi}{2\sqrt{y}} \right],$$

其中 $M = \max\limits_{0 \leqslant y \leqslant l_2} |g_1(y) - f_1(0)|$, $\operatorname{erfc}[z] = \int_z^{+\infty} \exp(-t^2)\mathrm{d}t$ 为余误差函数.

令 $\bar{\varphi}_1(y) = \varphi_1(y) - y g_1'(0) \exp \left(-\frac{y}{\sqrt{\varepsilon}} \right)$, 则 $\bar{\varphi}_1(0) = 0$, $\bar{\varphi}_1'(0) = 0$. 用 $\bar{\varphi}_1(y)$ 代替问题 (5.1.4)~(5.1.6) 中的 $\varphi_1(y)$, 则相应的解 $\bar{v}_1(\xi,y)$ 为

$$\bar{v}_1(\xi,y) = \sqrt{\frac{2}{\pi}} \int_{\frac{\xi}{\sqrt{2y}}}^{+\infty} \bar{\varphi}_1 \left(y - \frac{\xi^2}{2t^2} \right) \exp \left(-\frac{t^2}{2} \right) \mathrm{d}t.$$

这样, $\bar{v}_1$ 就在矩形 $ABCD$ 上满足

$$\frac{\partial^2 \bar{v}_1}{\partial y^2} = \sqrt{\frac{2}{\pi}} \int_{\frac{\xi}{\sqrt{2y}}}^{+\infty} \exp \left(-\frac{t^2}{2} \right) \left[\varphi_1'' \left(y - \frac{\xi^2}{2t^2} \right) + \left(\frac{2}{\sqrt{\varepsilon}} - \frac{y - \xi^2/2t^2}{\varepsilon} \right) \right.$$

$$\left. \times \varphi'(0) \exp \left(-\frac{y - \xi^2/2t^2}{\sqrt{\varepsilon}} \right) \right] \mathrm{d}t = O \left(\frac{1}{\sqrt{\varepsilon}} \right),$$

从而

$$-\varepsilon \frac{\partial^2 \bar{v}_1}{\partial y^2} = O \left(\sqrt{\varepsilon} \right),$$

而 $-\varepsilon f_1''(x) = O(\varepsilon)$, 于是构造出 AD 附近的边界层校正项的零次近似 $\bar{v}_1$.

类似地可得在线段 $BC: x = l_1$, $0 \leqslant y \leqslant l_2$ 附近边界层校正项的零次近似

$$\bar{v}_2(\eta,y) = \sqrt{\frac{2}{\pi}} \int_{\frac{\eta}{\sqrt{2y}}}^{+\infty} \bar{\varphi}_2 \left(y - \frac{\eta^2}{2t^2} \right) \exp \left(-\frac{t^2}{2} \right) \mathrm{d}t,$$

其中 $\eta = \dfrac{l_1 - x}{\sqrt{\varepsilon}}$, $\bar{\varphi}_2(y) = g_2(y) - f_1(l_1) - g_2'(0)y \exp\left(-\dfrac{y}{\sqrt{\varepsilon}}\right)$, 并且在矩形 $ABCD$ 上也有

$$-\varepsilon \frac{\partial^2 \bar{v}_2}{\partial y^2} = O(\sqrt{\varepsilon}).$$

最后, 在线段 $DC : y = l_2$, $0 \leqslant x \leqslant l_1$ 附近, 引入伸展变量 $\zeta = \dfrac{l_2 - y}{\varepsilon}$, 构造校正项 $V_3(x, \zeta)$, 使得它满足

$$\frac{\partial^2 V_3}{\partial \zeta^2} + \frac{\partial V_3}{\partial \zeta} = -\varepsilon^2 \frac{\partial^2 V_3}{\partial x^2}, \quad 0 < x < l_1,\ 0 < \zeta < \frac{l_2}{\varepsilon},$$

$$V_3(x, 0) = \bar{\psi}(x), \quad 0 \leqslant x \leqslant l_1,$$

$$V_3\left(x, \frac{l_2}{\varepsilon}\right) = 0, \quad 0 \leqslant x \leqslant l_1,$$

其中 $\bar{\psi}(x) = f_2(x) - f_1(x) - \bar{v}_1\left(\dfrac{x}{\sqrt{\varepsilon}}, l_2\right) - \bar{v}_2\left(\dfrac{l_1 - x}{\sqrt{\varepsilon}}, l_2\right)$.

先取 V_3 的零次近似

$$\bar{v}_3(x, \zeta) = \bar{\psi}(x) \exp(-\zeta),$$

它满足

$$\frac{\partial^2 \bar{v}_3}{\partial \zeta^2} + \frac{\partial \bar{v}_3}{\partial \zeta} = 0, \quad 0 < x < l_1,\ 0 < \zeta < +\infty,$$

$$\bar{v}_3(x, 0) = \bar{\psi}(x), \quad 0 \leqslant x \leqslant l_1,$$

$$\lim_{\zeta \to +\infty} \bar{v}_3(x, \zeta) = 0, \quad 0 \leqslant x \leqslant l_1.$$

为了避免在估计余项时产生的困难, 再取

$$\bar{v}_4(x, \zeta) = \bar{\psi}''(x) \zeta \exp(-\zeta), \tag{5.1.7}$$

满足

$$\frac{\partial^2 \bar{v}_4}{\partial \zeta^2} + \frac{\partial \bar{v}_4}{\partial \zeta} = -\bar{\psi}''(x) e^{-\zeta}, \quad 0 < x < l_1,\ 0 < \zeta < +\infty,$$

$$\bar{v}_4(x, 0) = 0, \quad 0 \leqslant x \leqslant l_1,$$

$$\lim_{\zeta \to +\infty} \bar{v}_4(x, \zeta) = 0, \quad 0 \leqslant x \leqslant l_1.$$

令

$$u_\varepsilon(x, y) = f_1(x) + \bar{v}_1\left(\frac{x}{\sqrt{\varepsilon}}, y\right) + \bar{v}_2\left(\frac{l_1 - x}{\sqrt{\varepsilon}}, y\right) + \bar{v}_3\left(x, \frac{l_2 - y}{\varepsilon}\right)$$
$$+ \varepsilon^2 \bar{v}_4\left(x, \frac{l_2 - y}{\varepsilon}\right) + \bar{R}_\varepsilon(x, y),$$

则 $\bar{R}_\varepsilon(x,y)$ 在矩形 $ABCD$ 内满足

$$L_\varepsilon \bar{R}_\varepsilon = \varepsilon \left(\frac{\partial^2}{\partial x^2} + \frac{\partial^2}{\partial y^2} \right) \bar{R}_\varepsilon - \frac{\partial \bar{R}_\varepsilon}{\partial y}$$

$$= -\varepsilon \left[f_1''(x) + \frac{\partial^2 \bar{v}_1}{\partial y^2} \left(\frac{x}{\sqrt{\varepsilon}}, y \right) + \frac{\partial^2 \bar{v}_2}{\partial y^2} \left(\frac{l_1 - x}{\sqrt{\varepsilon}}, y \right) \right.$$

$$\left. + \varepsilon^2 \bar{\psi}^{(4)}(x) \frac{l_2 - y}{\varepsilon} \exp \left(-\frac{l_2 - y}{\varepsilon} \right) \right].$$

注意到 $\bar{\psi}^{(4)}(x) = O\left(\dfrac{1}{\varepsilon^2} \right)$, 从而在矩形 $ABCD$ 上有

$$L_\varepsilon \bar{R}_\varepsilon = O(\sqrt{\varepsilon}).$$

另外, 因为

$$\bar{R}_\varepsilon(x,0) = -\bar{\psi}(x) \exp \left(-\frac{l_2}{\varepsilon} \right) - \varepsilon^2 \bar{\psi}''(x) \frac{l_2}{\varepsilon} \exp \left(-\frac{l_2}{\varepsilon} \right),$$

$$\bar{R}_\varepsilon(x,l_2) = 0,$$

$$\bar{R}_\varepsilon(0,y) = -\bar{v}_2 \left(\frac{l_1}{\sqrt{\varepsilon}}, y \right) - \bar{v}_3 \left(0, \frac{l_2 - y}{\varepsilon} \right) + g_1'(0) y \exp \left(-\frac{y}{\sqrt{\varepsilon}} \right)$$

$$- \varepsilon^2 \bar{\psi}''(0) \frac{l_2 - y}{\varepsilon} \exp \left(-\frac{l_2 - y}{\varepsilon} \right),$$

$$\bar{R}_\varepsilon(l_1,y) = -\bar{v}_1 \left(\frac{l_1}{\sqrt{\varepsilon}}, y \right) - \bar{v}_3 \left(l_1, \frac{l_2 - y}{\varepsilon} \right) + g_2'(0) y \exp \left(-\frac{y}{\sqrt{\varepsilon}} \right)$$

$$- \varepsilon^2 \bar{\psi}''(l_1) \frac{l_2 - y}{\varepsilon} \exp \left(-\frac{l_2 - y}{\varepsilon} \right),$$

故在矩形边界上成立

$$\bar{R}_\varepsilon(x,y) = O(\sqrt{\varepsilon}).$$

利用闸函数

$$\Psi(x) = C\sqrt{\varepsilon}(y+1),$$

其中 C 为充分大且与 ε 无关的待定正常数. 由极值原理[5] 得到

$$\bar{R}_\varepsilon(x,y) = O\left(\sqrt{\varepsilon} \right),$$

即

$$u_\varepsilon(x,y) = f_1(x) + \bar{v}_1 \left(\frac{x}{\sqrt{\varepsilon}}, y \right) + \bar{v}_2 \left(\frac{l_1 - x}{\sqrt{\varepsilon}}, y \right) + \bar{v}_3 \left(x, \frac{l_2 - y}{\varepsilon} \right)$$

$$+ \varepsilon^2 \bar{v}_4 \left(x, \frac{l_2 - y}{\varepsilon} \right) + O\left(\sqrt{\varepsilon} \right)$$

在矩形 $ABCD$ 及其边界上一致成立. 最后根据 (5.1.7) 可知 $\bar{v}_4(x,\zeta) = O\left(\dfrac{1}{\varepsilon}\right)$ 且 $v_i - \bar{v}_i = O\left(\sqrt{\varepsilon}\right) (i = 1, 2)$, 于是也有

$$u_\varepsilon(x,y) = f_1(x) + v_1\left(\frac{x}{\sqrt{\varepsilon}}, y\right) + v_2\left(\frac{l_1 - x}{\sqrt{\varepsilon}}, y\right) + v_3\left(x, \frac{l_2 - y}{\varepsilon}\right) + O\left(\sqrt{\varepsilon}\right)$$

在矩形 $ABCD$ 及其边界上一致成立, 其中

$$v_1\left(\frac{x}{\sqrt{\varepsilon}}, y\right) = \sqrt{\frac{2}{\pi}} \int_{\frac{x}{\sqrt{2\varepsilon}\,y}}^{+\infty} \exp\left(-\frac{1}{2}t^2\right)\left[g_1\left(y - \frac{x^2}{2\varepsilon t^2}\right) - f_1(0)\right] \mathrm{d}t,$$

$$v_2\left(\frac{l_1 - x}{\sqrt{\varepsilon}}, y\right) = \sqrt{\frac{2}{\pi}} \int_{\frac{l_1-x}{\sqrt{2\varepsilon}\,y}}^{+\infty} \exp\left(-\frac{1}{2}t^2\right)\left[g_2\left(y - \frac{(l_1 - x)^2}{2\varepsilon t^2}\right) - f_1(l_1)\right] \mathrm{d}t,$$

$$v_3\left(x, \frac{l_2 - y}{\varepsilon}\right) = \psi(x) \exp\left(-\frac{l_2 - y}{\varepsilon}\right),$$

而

$$\psi(x) = f_2(x) - f_1(x) - v_1\left(\frac{x}{\sqrt{\varepsilon}}, l_2\right) - v_2\left(\frac{l_1 - x}{\sqrt{\varepsilon}}, l_2\right).$$

5.1.2   半线性椭圆型方程

下面来考虑如下一类奇异摄动半线性椭圆型方程的 Dirichlet 问题[5]:

$$\varepsilon\left(\frac{\partial^2 u}{\partial x^2} + \frac{\partial^2 u}{\partial y^2}\right) + f(x, y, u) = 0, \quad (x, y) \in \Omega, \tag{5.1.8}$$

$$u(x, y) = \varphi(x, y), \quad (x, y) \in \partial\Omega, \tag{5.1.9}$$

其中 ε 为正的小参数, Ω 为具有光滑边界的有界区域, f, φ 为充分光滑的函数, 并且存在正常数 δ, 使得

$$\frac{\partial f}{\partial u}(x, y, u) < -\delta^2 \quad \text{对 } \forall (x, y) \in \overline{\Omega} \text{ 及 } \forall u \in \mathbf{R}. \tag{5.1.10}$$

另外, 还假设退化方程

$$f(x, y, w) = 0$$

在 $\overline{\Omega}$ 内有解 $w = w(x, y)$.

在 $\partial\Omega$ 的一个充分小的内邻域 U 中引入局部坐标 (ρ, σ), 将 U 表示为

$$0 \leqslant \rho \leqslant \rho_0, \quad 0 \leqslant \sigma \leqslant \sigma_0,$$

使得在 U 中, (x, y) 与 (ρ, σ) 之间构成一一对应, 并且对应表达式为

$$x = x(\sigma) + \frac{\rho \dot{y}(\sigma)}{\sqrt{[\dot{x}(\sigma)]^2 + [\dot{y}(\sigma)]^2}}, \tag{5.1.11}$$

$$y = y(\sigma) - \frac{\rho \dot{x}(\sigma)}{\sqrt{[\dot{x}(\sigma)]^2 + [\dot{y}(\sigma)]^2}}, \tag{5.1.12}$$

其中 $x = x(\sigma)$, $y = y(\sigma)$, $0 \leqslant \sigma \leqslant \sigma_0$ 为 $\partial\Omega$ 的参数表示. 为简单起见, 仍记

$$f(\rho, \sigma, u) \equiv f(x(\rho, \sigma), y(\rho, \sigma), u), \quad (\rho, \sigma) \in U,$$

$$w(\rho, \sigma) \equiv w(x(\rho, \sigma), y(\rho, \sigma)), \quad (\rho, \sigma) \in U.$$

将式 (5.1.11), (5.1.12) 代入式 (5.1.8), 可以得到

$$\varepsilon \left[\frac{\partial^2 u}{\partial \rho^2} + \frac{1}{J^2} \frac{\partial^2 u}{\partial \sigma^2} + \left(\frac{\partial^2 \rho}{\partial x^2} + \frac{\partial^2 \rho}{\partial y^2} \right) \frac{\partial u}{\partial \rho} + \left(\frac{\partial^2 \sigma}{\partial x^2} + \frac{\partial^2 \sigma}{\partial y^2} \right) \frac{\partial u}{\partial \sigma} \right] + f(\rho, \sigma, u) = 0, \tag{5.1.13}$$

其中 J 为雅可比行列式

$$\begin{vmatrix} \dfrac{\partial x}{\partial \rho} & \dfrac{\partial y}{\partial \rho} \\[2mm] \dfrac{\partial x}{\partial \sigma} & \dfrac{\partial y}{\partial \sigma} \end{vmatrix}.$$

选取伸展变量 $\tau = \dfrac{\rho}{\sqrt{\varepsilon}}$, 并令

$$u = w(\rho, \sigma) + V(\tau, \sigma).$$

将上式代入式 (5.1.13), (5.1.9), 可得边界层校正项 V 的零次近似 v 满足下面的边值问题:

$$\frac{\partial^2 v}{\partial \tau^2} + f(0, \sigma, \bar{w}(\sigma) + v) = 0, \tag{5.1.14}$$

$$v(0, \sigma) = \bar{\varphi}(\sigma) - \bar{w}(\sigma), \quad \lim_{\tau \to +\infty} v(\tau, \sigma) = 0, \tag{5.1.15}$$

其中 $\bar{w}(\sigma) = w(x(\sigma), y(\sigma))$, $\bar{\varphi}(\sigma) = \varphi(x(\sigma), y(\sigma))$. 因为 $f(0, \sigma, \bar{w}(\sigma)) = 0$, 并由 (5.1.14) 知

$$\frac{\partial^2 v}{\partial \tau^2} = -\frac{\partial f}{\partial u}(0, \sigma, \bar{w}(\sigma) + \theta v)v, \quad 0 < \theta < 1.$$

考虑到 (5.1.10) 可知, 当 $v > 0$ 时, $\dfrac{\partial^2 v}{\partial \tau^2} > 0$, 此时, v 作为 τ 的函数是凹的; 而当 $v < 0$ 时, $\dfrac{\partial^2 v}{\partial \tau^2} < 0$, 此时, v 作为 τ 的函数是凸的. $\lim\limits_{\tau \to +\infty} v(\tau, \sigma) = 0$, 所以只要 $v(0, \sigma) = \bar{\varphi}(\sigma) - \bar{w}(\sigma)$ 不为零, 函数 $v(\tau, \sigma)$ 对 $\tau \geqslant 0$ 就不变号, 于是当 $v(\tau, \sigma) > 0$ 时, $v(\tau, \sigma)$ 随 τ 的增大而单调减小; 当 $v(\tau, \sigma) < 0$ 时, $v(\tau, \sigma)$ 随 τ 的增大而单调增大. 进一步地, 对 $v(0, \sigma) > 0$ 的情形, 由 $v(\tau, \sigma) > 0$ 及 $\dfrac{\partial v}{\partial \tau}(\tau, \sigma) < 0$ 有 $\dfrac{\partial^2 v}{\partial \tau^2} > \delta^2 v$, 从而

$$2\frac{\partial^2 v}{\partial \tau^2} \frac{\partial v}{\partial \tau} < 2\delta^2 v \frac{\partial v}{\partial \tau}.$$

将上式两边从 τ 到 $+\infty$ 积分, 得到

$$\left(\frac{\partial v}{\partial \tau}\right)^2 \bigg|_\tau^{+\infty} < \delta^2 v^2(\tau, \sigma) \bigg|_\tau^{+\infty}.$$

考虑到 $\displaystyle\lim_{\tau \to +\infty} v(\tau, \sigma) = \lim_{\tau \to +\infty} \frac{\partial v(\tau, \sigma)}{\partial \tau} = 0$, 于是得 $\left(\dfrac{\partial v}{\partial \tau}\right)^2 > \delta^2 v^2 \ (\tau > 0)$, 即 $-\dfrac{\partial v}{\partial \tau} > \delta v$. 再将它从 0 到 τ 积分, 得到

$$0 < v(\tau, \sigma) < v(0, \sigma) \exp(-\delta\tau) = O\left(\exp\left(-\delta \frac{\rho}{\sqrt{\varepsilon}}\right)\right).$$

同理, 对 $v(0, \sigma) < 0$ 的情形也有类似的结果. 因此, 只要 $v(0, \sigma) \neq 0$, 就有

$$v(\tau, \sigma) = O\left(\exp\left(-\delta \frac{\rho}{\sqrt{\varepsilon}}\right)\right).$$

现在令

$$\tilde{u}(x, y) = w(x, y) + \psi(\rho) v\left(\frac{\rho}{\sqrt{\varepsilon}}, \sigma\right),$$

其中 $\psi(\rho) \in C^\infty[0, \rho_0]$ 为适当的截断函数, 满足

$$\psi(\rho) = \begin{cases} 1, & 0 \leqslant \rho \leqslant \dfrac{\rho_0}{2}, \\ 0, & \dfrac{3}{4}\rho_0 \leqslant \rho \leqslant \rho_0, \end{cases} \tag{5.1.16}$$

则 $\tilde{u}(x, y)$ 为边值问题 (5.1.8), (5.1.9) 的解的一个形式渐近式, 并且满足

$$\varepsilon\left(\frac{\partial^2 \tilde{u}}{\partial x^2} + \frac{\partial^2 \tilde{u}}{\partial y^2}\right) + f(x, y, \tilde{u}) = O(\sqrt{\varepsilon}), \quad (x, y) \in \Omega$$

及

$$\tilde{u}(x, y)|_{\partial\Omega} = \varphi(x, y).$$

再令

$$u(x, y) = \tilde{u}(x, y) + R(x, y),$$

将上式代入 (5.1.8), (5.1.9), 考虑到 $\tilde{u}$ 满足的条件可知, 余项 $R(x, y)$ 满足

$$\varepsilon\left(\frac{\partial^2 R}{\partial x^2} + \frac{\partial^2 R}{\partial y^2}\right) + f(x, y, \tilde{u} + R) - f(x, y, \tilde{u}) = O(\sqrt{\varepsilon}), \quad (x, y) \in \Omega, \tag{5.1.17}$$

$$R(x, y)|_{\partial\Omega} = 0. \tag{5.1.18}$$

下面应用 Harten 不动点定理 (见引理 2.3.1) 来说明, 在 $\overline{\Omega}$ 上有

$$R(x, y) = O(\sqrt{\varepsilon}).$$

为此, 定义

$$F[p] \equiv \varepsilon \left(\frac{\partial^2 p}{\partial x^2} + \frac{\partial^2 p}{\partial y^2} \right) + f(x, y, \tilde{u} + p) - f(x, y, \tilde{u}),$$

研究

$$F[p] = g(x, y), \quad (x, y) \in \Omega,$$

$$p(x, y)|_{\partial\Omega} = 0,$$

其中 $g(x, y) = O(\sqrt{\varepsilon})$. 显然, $F[0] = 0$, F 在 $p = 0$ 的线性化表示式为

$$L[p] = \varepsilon \left(\frac{\partial^2 p}{\partial x^2} + \frac{\partial^2 p}{\partial y^2} \right) + \frac{\partial f}{\partial u}(x, y, \tilde{u})p,$$

于是

$$\Psi[p] \equiv F[p] - L[p] = f(x, y, \tilde{u} + p) - f(x, y, \tilde{u}) - \frac{\partial f}{\partial u}(x, y, \tilde{u})p.$$

取

$$N = \left\{ p \, \middle| \, p(x, y) \in C^2(\overline{\Omega}), \ p(x, y)|_{\partial\Omega} = 0 \right\},$$

$$B = \left\{ q \, \middle| \, q(x, y) \in C(\overline{\Omega}) \right\},$$

其范数分别定义为

$$\|p\|_1 = \max_{(x, y) \in \overline{\Omega}} |p(x, y)|, \quad p \in N,$$

$$\|q\| = \max_{(x, y) \in \overline{\Omega}} |q(x, y)|, \quad q \in B.$$

首先, 对任意的 $g \in B$, 考虑线性边值问题

$$L[p] = g, \quad p|_{\partial\Omega} = 0.$$

注意到 $\dfrac{\partial f}{\partial u}(x, y, \tilde{u}) < -\delta^2 < 0$, 可取 $\Phi(x, y) = L^{-1}[g]$ 及闸函数 $\Gamma(x, y) = l^{-1}\|g\|$, 其中 $l(0 < l < \delta^2)$ 为常数, 则容易得到

$$|L[\Phi]| \leqslant L[-\Gamma], \quad \forall (x, y) \in \Omega$$

及

$$|\Phi| \leqslant \Gamma, \quad \forall (x, y) \in \partial\Omega,$$

从而在 $\overline{\Omega}$ 上也有

$$|\Phi| \leqslant \Gamma,$$

即对任意的 $g \in B$ 有

$$\left\| L^{-1}[g] \right\|_1 \leqslant l^{-1} \|g\|.$$

这意味着 Harten 不动点定理中的条件 (1) 满足.

另外, 存在 $\bar{\rho} = 1$, 使得当 $0 < \tilde{\rho} < \bar{\rho}$ 时, 对任意的 p_1, $p_2 \in \Omega_N(\tilde{\rho})$ 有

$$
\begin{aligned}
&\| \Psi[p_2] - \Psi[p_1] \| \\
&= \max_{\overline{\Omega}} \left| f(x, y, \tilde{u} + p_2) - f(x, y, \tilde{u} + p_1) - \frac{\partial f}{\partial u}(x, y, \tilde{u})(p_2 - p_1) \right| \\
&= \max_{\overline{\Omega}} \left| \frac{\partial f}{\partial u}(x, y, \tilde{u} + p_1 + \theta_1(p_2 - p_1))(p_2 - p_1) - \frac{\partial f}{\partial u}(x, y, \tilde{u})(p_2 - p_1) \right| \\
&= \max_{\overline{\Omega}} \left| \frac{\partial^2 f}{\partial u^2}(x, y, \tilde{u} + \theta_2(p_1 + \theta_1(p_2 - p_1)))(p_1 + \theta_1(p_2 - p_1))(p_2 - p_1) \right| \\
&\leqslant C\tilde{\rho} \| p_2 - p_1 \|_1,
\end{aligned}
$$

其中 $\Omega_N(\tilde{\rho}) \equiv \{ p | \in N, \|p\|_1 \leqslant \tilde{\rho} \}$, $C > 0$ 为常数. 记 $m(\tilde{\rho}) = C\tilde{\rho}$, 这意味着 Harten 不动点定理中的条件 (2) 满足, 并且

$$
\tilde{\rho}_0 = \sup \left\{ \tilde{\rho} \,|\, 0 < \tilde{\rho} \leqslant 1, m(\tilde{\rho}) < \frac{l}{2} \right\} = \frac{l}{2C},
$$

从而

$$
\frac{l\tilde{\rho}_0}{2} = \frac{l^2}{4C}.
$$

又因为 $g = O(\sqrt{\varepsilon})$, 故对充分小的 $\varepsilon > 0$, 成立 $\|g\| \leqslant \dfrac{l^2}{4C}$, 从而由 Harten 不动点定理知, 存在唯一的 $p \in N$, 使得

$$
F[p] = g
$$

且

$$
\|p\|_1 \leqslant 2l^{-1} \|g\| = O(\sqrt{\varepsilon}).
$$

于是存在 $R(x, y)$ 满足 (5.1.17), (5.1.18), 并且

$$
\max_{\overline{\Omega}} |R(x, y)| = O(\sqrt{\varepsilon}).
$$

于是得到如下结果:

设 Ω 是具有光滑边界的有界区域, $\varepsilon > 0$ 为小参数, f, φ 为其变元的充分光滑函数, 函数方程 $f(x, y, w) = 0$ 在 $(x, y) \in \overline{\Omega}$ 内有解 $w = w(x, y)$, 并且假设存在与 ε 无关的常数 $\delta > 0$, 使得对于任意的 $(x, y) \in \overline{\Omega}$ 及任意的 $u \in \mathbf{R}$ 有

$$
\frac{\partial f}{\partial u}(x, y, u) < -\delta^2,
$$

则问题 (5.1.8), (5.1.9) 在 $\overline{\Omega}$ 上存在解 $u = u_\varepsilon(x, y)$, 并且

$$u_\varepsilon(x, y) = w(x, y) + \psi(\rho)v\left(\frac{\rho}{\sqrt{\varepsilon}}, \sigma\right) + O(\sqrt{\varepsilon})$$

在 $\overline{\Omega}$ 上一致成立, 其中 $v(\tau, \sigma)$ 为由边值问题 (5.1.14), (5.1.15) 确定的边界层校正项, $\psi(\rho)$ 为满足 (5.1.16) 的截断函数.

5.2　抛物型方程的初始层和边界层

5.2.1　半线性抛物型方程

考虑如下抛物型方程的初边值问题:

$$\varepsilon\frac{\partial u}{\partial t} - a^2\frac{\partial^2 u}{\partial x^2} + f(x, t, u) = 0, \quad 0 < t \leqslant T, \ 0 < x < 1, \ 0 < \varepsilon \ll 1, \tag{5.2.1}$$

$$u(x, 0, \varepsilon) = \varphi(x), \quad 0 \leqslant x \leqslant 1, \tag{5.2.2}$$

$$u(0, t, \varepsilon) = \psi_1(t), \ u(1, t, \varepsilon) = \psi_2(t), \quad 0 \leqslant t \leqslant T. \tag{5.2.3}$$

假设

(H$_1$) f, φ, $\psi_i(i = 1, 2)$ 关于其变元在各自的区域内为充分光滑的函数, f 的各阶偏导有界, $f_u > \delta > 0$ 且 $\varphi(0) = \psi_1(0)$, $\varphi(1) = \psi_2(0)$;

(H$_2$) 退化问题

$$a^2\frac{\mathrm{d}^2 u}{\mathrm{d}x^2} = f(x, t, u),$$

$$u|_{x=0} = \psi_1(t), \quad u|_{x=1} = \psi_2(t)$$

在 $0 \leqslant x \leqslant 1$ 上有解 $u = U(x, t)$, 其中 $0 < t \leqslant T$ 为参数;

(H$_3$) $a^2\dfrac{\mathrm{d}^2 u}{\mathrm{d}x^2} = f_u(x, t, U(x, t))u$ 有两个线性无关的解 $x = \varphi_i(x, t)(i = 1, 2)$, 使得对一切的 $0 \leqslant t \leqslant T$, 满足

$$\begin{vmatrix} \varphi_1(0, t) & \varphi_1(1, t) \\ \varphi_2(0, t) & \varphi_2(1, t) \end{vmatrix} \neq 0;$$

(H$_4$) 初边值问题

$$\frac{\partial v_0}{\partial \tau} - a^2\frac{\partial^2 v_0}{\partial x^2} + f(x, 0, U(x, 0) + v_0) - f(x, 0, U(x, 0)) = 0, \tag{5.2.4}$$

$$v_0(x, 0) = \varphi(x) - U(x, 0), \tag{5.2.5}$$

$$v_0(0, \tau) = v_0(1, \tau) = 0 \tag{5.2.6}$$

在 $\{(x,\tau)|0 \leqslant x \leqslant 1,\ \tau \geqslant 0\}$ 上有解 $v_0 = v_0(x,\tau)$, 并且存在 $\kappa > 0$, 使得当 $\tau \to +\infty$ 时,

$$v_0(x,\tau) = O(\mathrm{e}^{-\kappa\tau}). \tag{5.2.7}$$

在上述假设下, 研究初边值问题 (5.2.1)~(5.2.3) 的解的存在性, 以及当 $\varepsilon \to 0$ 时解的渐近性态.

为了构造问题 (5.2.1)~(5.2.3) 的形式渐近解, 首先设问题 (5.2.1)~(5.2.3) 的外部解 $\bar{u}$ 为

$$\bar{u}(x,t,\varepsilon) \sim \sum_{i=0}^{\infty} \bar{u}_i(x,t)\varepsilon^i. \tag{5.2.8}$$

将 (5.2.8) 代入 (5.2.1), (5.2.3), 按 ε 的幂展开非线性项, 并比较等式两端 ε 的同次幂系数得

$$a^2\frac{\partial^2 \bar{u}_0}{\partial x^2} = f(x,t,\bar{u}_0), \tag{5.2.9}$$

$$\bar{u}_0(0,t) = \psi_1(t), \quad \bar{u}_0(1,t) = \psi_2(t), \tag{5.2.10}$$

$$a^2\frac{\partial^2 \bar{u}_i}{\partial x^2} = f_u(x,t,\bar{u}_0)\bar{u}_i + F_i(x,t), \quad i = 1,2,\cdots, \tag{5.2.11}$$

$$\bar{u}_i(0,t) = \bar{u}_i(1,t) = 0, \quad i = 1,2,\cdots, \tag{5.2.12}$$

其中函数 $F_i(x,t)$ 可由 $\bar{u}_j(j < i)$ 依次确定. 由假设 (H_2), 问题 (5.2.9), (5.2.10) 有解 $\bar{u}_0 = U(x,t)$. 再由假设 (H_3) 知, 线性边值问题 (5.2.11), (5.2.12) 有唯一解 $\bar{u}_i = \bar{u}_i(x,t)$, 从而可得原问题的外部解 $\bar{u}(x,t,\varepsilon)$, 但是它未必满足初始条件 (5.2.2), 故尚需构造在 $t = 0$ 附近的初始层校正项. 为此, 引入伸长变量 $\tau = \dfrac{t}{\varepsilon}$, 并设原问题的解为

$$u = \bar{u}(x,t,\varepsilon) + V(x,\tau,\varepsilon). \tag{5.2.13}$$

将 (5.2.13) 代入 (5.2.1)~(5.2.3) 得

$$\frac{\partial V}{\partial \tau} - a^2\frac{\partial^2 V}{\partial x^2} + f(x,\varepsilon\tau,\bar{u} + V) - f(x,\varepsilon\tau,\bar{u}) = 0, \tag{5.2.14}$$

$$V(x,0,\varepsilon) = \varphi(x) - \bar{u}(x,0,\varepsilon), \tag{5.2.15}$$

$$V(0,\tau,\varepsilon) = V(1,\tau,\varepsilon) = 0. \tag{5.2.16}$$

令

$$V \sim \sum_{i=0}^{\infty} v_i(x,\tau)\varepsilon^i, \tag{5.2.17}$$

将 (5.2.8), (5.2.17) 代入 (5.2.14)~(5.2.16), 按 ε 的幂展开非线性项, 并比较等式两端 ε 的同次幂系数, 可得 (5.2.4)~(5.2.6) 和

$$\frac{\partial v_i}{\partial \tau} - a^2\frac{\partial^2 v_i}{\partial x^2} + f_u(x,0,\bar{u}_0(x,0) + v_0(x,\tau))v_i + G_i(x,\tau) = 0, \tag{5.2.18}$$

$$v_i(x,0) = -\bar{u}_i(x,0), \quad i = 1,2,\cdots, \tag{5.2.19}$$

$$v_i(0,\tau) = v_i(1,\tau) = 0, \quad i = 1,2,\cdots, \tag{5.2.20}$$

其中函数 $G_i(x,\tau)$ 可由 $v_j(j < i)$ 依次确定. 由假设 (H$_4$), 问题 (5.2.4)$\sim$(5.2.6) 有具有初始层性态的解 v_0, 而抛物型初边值问题 (5.2.18)$\sim$(5.2.20) 存在唯一解 v_i, 并且易证 v_i 也有形如 (5.2.7) 的指数型衰减的估计式. 将 v_i 代入 (5.2.17) 就得到 $t = 0$ 附近的初始层校正项. 对任意的正整数 n, 令

$$u_n = \sum_{i=0}^{n} (\bar{u}_i + v_i)\varepsilon^i. \tag{5.2.21}$$

下面证明在假设 (H$_1$) $\sim$ (H$_4$) 下, 问题 (5.2.1)$\sim$(5.2.3) 存在解 $u = u(x,t,\varepsilon)$, 并且 u_n 为该解的 n 阶渐近近似式. 作辅助函数

$$\alpha(x,t,\varepsilon) = u_n - r\varepsilon^{n+1}, \quad \beta(x,t,\varepsilon) = u_n + r\varepsilon^{n+1}, \quad 0 < t \leqslant T,\ 0 \leqslant x \leqslant 1,$$

其中 r 为充分大的待定正常数. 显然,

$$\alpha(x,t,\varepsilon) < \beta(x,t,\varepsilon),$$

$$\alpha(x,0,\varepsilon) = \varphi(x) - r\varepsilon^{n+1} < \varphi(x) < \varphi(x) + r\varepsilon^{n+1} = \beta(x,0,\varepsilon),$$

$$\alpha(0,t,\varepsilon) = \psi_1(t) - r\varepsilon^{n+1} < \psi_1(t) < \psi_1(t) + r\varepsilon^{n+1} = \beta(0,t,\varepsilon),$$

$$\alpha(1,t,\varepsilon) = \psi_2(t) - r\varepsilon^{n+1} < \psi_2(t) < \psi_2(t) + r\varepsilon^{n+1} = \beta(1,t,\varepsilon).$$

另外, 由 $\bar{u}_i$ 和 v_i 的构造可知, 存在常数 M_1, $M_2 > 0$, 使得下式成立:

$$\varepsilon\frac{\partial \alpha}{\partial t} - a^2\frac{\partial^2 \alpha}{\partial x^2} + f(x,t,\alpha)$$

$$\leqslant \varepsilon\frac{\partial u_n}{\partial t} - a^2\frac{\partial^2 u_n}{\partial x^2} + f(x,t,u_n) - r\delta\varepsilon^{n+1}$$

$$= \varepsilon\sum_{i=0}^{n}\frac{\partial \bar{u}_i}{\partial t}\varepsilon^i - a^2\sum_{i=0}^{n}\frac{\partial^2 \bar{u}_i}{\partial x^2}\varepsilon^i + f\left(x,t,\sum_{i=1}^{n}\bar{u}_i\varepsilon^i\right) + \sum_{i=0}^{n}\frac{\partial v_i}{\partial \tau}\varepsilon^i$$

$$-a^2\sum_{i=0}^{n}\frac{\partial^2 v_i}{\partial x^2}\varepsilon^i + f\left(x,t,\sum_{i=0}^{n}(\bar{u}_i + v_i)\varepsilon^i\right) - f\left(x,t,\sum_{i=0}^{n}\bar{u}_i\varepsilon^i\right) - \delta r\varepsilon^{n+1}$$

$$\leqslant -a^2\frac{\partial^2 \bar{u}_0}{\partial x^2} + f(x,t,\bar{u}_0) + \sum_{i=1}^{n}\left[-a^2\frac{\partial^2 \bar{u}_i}{\partial x^2} + f_u(x,t,\bar{u}_0)\bar{u}_i + F_i(x,t)\right]\varepsilon^i$$

$$+M_1\varepsilon^{n+1} + \left[\frac{\partial v_0}{\partial \tau} - a^2\frac{\partial^2 v_0}{\partial x^2} + f(x,0,\bar{u}_0(x,0) + v_0) - f(x,0,\bar{u}_0(x,0))\right]$$

$$+\sum_{i=1}^{n}\left[\frac{\partial v_i}{\partial \tau} - a^2\frac{\partial^2 v_i}{\partial x^2} + f_u(x,0,\bar{u}_0(x,0)+v_0(x,\tau))v_i + G_i(x,\tau)\right]\varepsilon^i$$

$$+M_2\varepsilon^{n+1} - \delta r\varepsilon^{n+1}$$

$$= (M_1 + M_2 - r\delta)\varepsilon^{n+1}.$$

取 $r \geqslant \dfrac{M_1 + M_2}{\delta}$ 得

$$\varepsilon\frac{\partial \alpha}{\partial t} - a^2\frac{\partial^2 \alpha}{\partial x^2} + f(x,t,\alpha) \leqslant 0.$$

同理, 只要取 r 充分大, 也有

$$\varepsilon\frac{\partial \beta}{\partial t} - a^2\frac{\partial^2 \beta}{\partial x^2} + f(x,t,\beta) \geqslant 0.$$

由微分不等式理论[24], 问题 (5.2.1)~(5.2.3) 有解 $u(x,t,\varepsilon)$, 并且有

$$\sum_{i=0}^{n}(\bar{u}_i + v_i)\varepsilon^i - \varepsilon^{n+1} \leqslant u(x,t,\varepsilon) \leqslant \sum_{i=0}^{n}(\bar{u}_i + v_i)\varepsilon^i + \varepsilon^{n+1},$$

故 $u_n = \displaystyle\sum_{i=0}^{n}(\bar{u}_i + v_i)\varepsilon^i$ 为该解的 n 阶渐近近似式.

5.2.2   半线性抛物型系统

现在来讨论一类具有角边界层现象的抛物型系统的奇异摄动问题. 在有扩散的化学反应中, 会出现形如

$$\varepsilon^2\left[\frac{\partial \boldsymbol{u}}{\partial t} - a(\boldsymbol{x},t)\Delta \boldsymbol{u}\right] = f(\boldsymbol{u},\boldsymbol{v},\boldsymbol{x},t,\varepsilon), \qquad \frac{\partial \boldsymbol{v}}{\partial t} - b(\boldsymbol{x},t)\Delta \boldsymbol{v} = g(\boldsymbol{u},\boldsymbol{v},\boldsymbol{x},t,\varepsilon) \quad (5.2.22)$$

的奇异摄动抛物型系统, 其中 $\boldsymbol{x} = (x_1,x_2,x_3)$, 向量函数 $\boldsymbol{u} = (u_1,u_2,\cdots,u_m)^{\mathrm{T}}$ 和 $\boldsymbol{v} = (v_1,v_2,\cdots,v_n)^{\mathrm{T}}$ 为反应物浓度, 小参数 $\varepsilon > 0$ 为一个与快反应常数成反比的量. 类似的系统还出现在其他的一些实际问题中. 下面将构造系统 (5.2.22) 边值问题的解的渐近展开式. 为简单起见, 设 (5.2.22) 中第二个方程组不出现, 并且 x 是一维空间坐标的情形.

考虑奇异摄动问题[25]:

$$\varepsilon^2\left[\frac{\partial \boldsymbol{u}}{\partial t} - a(x,t)\frac{\partial^2 \boldsymbol{u}}{\partial x^2}\right] = \boldsymbol{f}(\boldsymbol{u},x,t,\varepsilon), \quad (x,t) \in \Omega = (0,1) \times (0,T], \tag{5.2.23}$$

$$\boldsymbol{u}(x,0,\varepsilon) = \boldsymbol{\varphi}(x), \tag{5.2.24}$$

$$\frac{\partial \boldsymbol{u}}{\partial x}(0,t,\varepsilon) = \frac{\partial \boldsymbol{u}}{\partial x}(1,t,\varepsilon) = 0, \tag{5.2.25}$$

其中 ε 为小的正参数, $\boldsymbol{u}$ 为 m 维的向量函数.

假设

(H_1) a, $\boldsymbol{f}$, $\boldsymbol{\varphi}$ 为充分光滑的函数, 并且 $a(x,t) > 0$, $\boldsymbol{\varphi}'(0) = \boldsymbol{\varphi}'(1) = 0$;

(H_2) 退化系统 $\boldsymbol{f}(\bar{\boldsymbol{u}}_0, x, t, 0) = 0$ 在矩形 $\overline{\varOmega}$ 上有一个解 $\bar{\boldsymbol{u}}_0 = \bar{\boldsymbol{u}}_0(x,t)$;

(H_3) 矩阵 $\boldsymbol{f}_{\boldsymbol{u}}(\bar{\boldsymbol{u}}_0(x,t), x, t, 0)$ 的特征值 $\lambda_i(x,t)$ $(i = 1, 2, \cdots, m)$ 均具有负实部, 即

$$\mathrm{Re}\lambda_i(x,t) < 0, \quad (x,t) \in \overline{\varOmega}, \ i = 1, 2, \cdots, m;$$

(H_4) 初值问题

$$\frac{\partial \boldsymbol{V}_0}{\partial \tau} = \boldsymbol{f}(\bar{\boldsymbol{u}}_0(x,0) + \boldsymbol{V}_0, x, 0, 0), \quad \tau \geqslant 0, \tag{5.2.26}$$

$$\boldsymbol{V}_0(x,0) = \boldsymbol{\varphi}(x) - \bar{\boldsymbol{u}}_0(x,0)$$

的解 $\boldsymbol{V}_0(x,\tau)$ 存在, 并且满足 $\lim\limits_{\tau \to +\infty} \boldsymbol{V}_0(x,\tau) = 0$.

由假设 (H_4), 初值 $\boldsymbol{\varphi}(x) - \bar{\boldsymbol{u}}_0(x,0)$ 属于系统 (5.2.26) 的平衡点 $\boldsymbol{V}_0 = 0$ 的吸引域. 再由假设 (H_3) 可知, 这个平衡点是渐近稳定的[26].

在上述假设条件下, 下面构造 (5.2.23)~(5.2.25) 的渐近解.

首先, 构造外部解 $\bar{\boldsymbol{u}}(x,t,\varepsilon)$. 令

$$\bar{\boldsymbol{u}}(x,t,\varepsilon) \sim \sum_{i=0}^{\infty} \bar{\boldsymbol{u}}_i(x,t)\varepsilon^i,$$

将它代入 (5.2.23), 比较 ε 的同次幂系数得

$$\boldsymbol{f}(\bar{\boldsymbol{u}}_0, x, t, 0) = 0,$$

$$\boldsymbol{f}_{\boldsymbol{u}}(\bar{\boldsymbol{u}}_0(x,t), x, t, 0)\,\bar{\boldsymbol{u}}_i = \boldsymbol{f}_i(x,t), \quad i = 1, 2, \cdots,$$

其中 $\boldsymbol{f}_i(x,t)$ 可由 $\bar{\boldsymbol{u}}_j(j < i)$ 依次确定. 由假设 (H_2) 知, $\bar{\boldsymbol{u}}_0 = \bar{\boldsymbol{u}}_0(x,t)$ 是存在的. 又由假设 (H_3) 知, $\boldsymbol{f}_{\boldsymbol{u}}(\bar{\boldsymbol{u}}_0(x,t), x, t, 0)$ 可逆, 故上述线性系统的解为

$$\bar{\boldsymbol{u}}_i = \boldsymbol{f}_{\boldsymbol{u}}^{-1}(\bar{\boldsymbol{u}}_0(x,t), x, t, 0)f_i(x,t), \quad i = 1, 2, \cdots.$$

其次, 构造初始层校正项 $\boldsymbol{V}(x,\tau,\varepsilon)$. 令

$$\boldsymbol{V}(x,\tau,\varepsilon) \sim \sum_{i=0}^{\infty} \boldsymbol{V}_i(x,\tau)\varepsilon^i,$$

其中 $\tau = \dfrac{t}{\varepsilon^2}$. 将 $\boldsymbol{u} = \bar{\boldsymbol{u}}(x, \varepsilon^2\tau, \varepsilon) + \boldsymbol{V}(x,\tau,\varepsilon)$ 代入 (5.2.23), (5.2.24), 比较 ε 的同次幂系数可知, $\boldsymbol{V}_0(x,\tau)$ 满足

$$\frac{\partial \boldsymbol{V}_0}{\partial \tau} = \boldsymbol{f}(\bar{\boldsymbol{u}}_0(x,0) + \boldsymbol{V}_0, x, 0, 0), \quad \tau \geqslant 0,$$

$$V_0(x,0) = \varphi(x) - \bar{u}_0(x,0).$$

再由假设 (H$_3$), (H$_4$), 并利用 Gronwall 不等式可证明该问题的解存在, 并且有如下指数型衰减的估计式:

$$\|V_0(x,\tau)\| \leqslant C\exp(-\kappa\tau), \tag{5.2.27}$$

其中 C 和 κ 为某个正常数. $V_i(x,\tau)(i=1,2,\cdots)$ 满足线性初值问题

$$\frac{\partial V_i}{\partial \tau} = f_u(\bar{u}_0(x,0)+V_0(x,\tau),x,0,0)V_i + v_i(x,\tau), \quad \tau \geqslant 0, \tag{5.2.28}$$

$$V_i(x,0) = -\bar{u}_i(x,0), \tag{5.2.29}$$

其中 $v_i(x,\tau)$ 可由 $V_j(j<i)$ 依次确定, 并且不难验证, 若 $V_1,V_2,\cdots,V_{i-1}$ 有形如 (5.2.27) 的估计式, 则 v_i 也有同样的估计式.

用 $\Phi(x,\tau)$ 表示 (5.2.28) 对应的齐次线性系统的基解矩阵, 并满足 $\Phi(x,0)=I$. 由假设 (H$_3$) 得估计式[26]

$$\|\Phi(x,\tau)\Phi^{-1}(x,\tau_0)\| \leqslant C\exp(-\kappa(\tau-\tau_0)), \quad 0\leqslant x\leqslant 1, \ 0\leqslant\tau_0\leqslant\tau, \tag{5.2.30}$$

而由常数变易法知

$$V_i(x,\tau) = -\Phi(x,\tau)\bar{u}_i(x,0) + \int_0^\tau \Phi(x,\tau)\Phi^{-1}(x,\tau_0)v_i(x,\tau_0)\mathrm{d}\tau_0,$$

再考虑到 (5.2.30), 于是 $V_i(i=1,2,\cdots)$ 均有类似 (5.2.27) 的指数型衰减的估计式.

现在再令线段 $x=0(0\leqslant t\leqslant T)$ 附近的边界层校正项为

$$Q(\xi,t,\varepsilon) \sim \sum_{i=0}^\infty Q_i(\xi,t)\varepsilon^i,$$

其中 $\xi=\dfrac{x}{\varepsilon}$. 将 $u=\bar{u}(\varepsilon\xi,t,\varepsilon)+Q(\xi,t,\varepsilon)$ 代入 (5.2.23) 和 $\dfrac{\partial u}{\partial x}(0,t,\varepsilon)=0$, 比较 ε 的同次幂系数可知, $Q_0(\xi,t)$ 满足

$$-a(0,t)\frac{\partial^2 Q_0}{\partial \xi^2} = f(\bar{u}_0(0,t)+Q_0,0,t,0), \quad \xi\geqslant 0,$$

$$\frac{\partial Q_0}{\partial \xi}(0,t) = 0.$$

此外, 由边界层函数的性质, 需要增加条件 $\lim\limits_{\xi\to+\infty}Q_0(\xi,t)=0$, 于是有 $Q_0\equiv 0$. 而 $Q_i(\xi,t)(i=1,2,\cdots)$ 满足线性问题

$$-a(0,t)\frac{\partial^2 Q_i}{\partial \xi^2} = f_u(\bar{u}_0(0,t),0,t,0)Q_i + q_i(\xi,t), \quad \xi\geqslant 0, \tag{5.2.31}$$

$$\frac{\partial \boldsymbol{Q}_i}{\partial \xi}(0, t) = -\frac{\partial \bar{\boldsymbol{u}}_{i-1}}{\partial x}(0, t), \qquad \lim_{\xi \to +\infty} \boldsymbol{Q}_i(\xi, t) = 0, \tag{5.2.32}$$

其中 $\boldsymbol{q}_i(\xi, t)$ 可由 $\boldsymbol{Q}_j (j < i)$ 依次确定. 因为 (5.2.31) 的特征方程的根是 $\pm\sqrt{-\lambda_k(0, t)/a(0, t)}(k = 1, 2, \cdots, m)$, 所以 (5.2.31) 对应的齐次系统当 $\xi \to +\infty$ 时有 m 个指数型衰减和 m 个指数型增长的解, 这保证了 (5.2.31), (5.2.32) 的唯一可解性. 通过将矩阵 $\boldsymbol{f}_{\boldsymbol{u}}(\bar{\boldsymbol{u}}_0(0, t), 0, t, 0)$ 化为若尔当标准形, 可依次求出 $\boldsymbol{Q}_i$, 并且所有 $\boldsymbol{Q}_i$ 都有如下指数型衰减的估计式:

$$\|\boldsymbol{Q}_i(\xi, t)\| \leqslant C \exp(-\kappa \xi),$$

其中 C 和 κ 为某些正常数. 一般来说, 不同的 $\boldsymbol{Q}_i$ 中的常数 C 和 κ 可以不同.

同理, 可求出线段 $x = 1 \ (0 \leqslant t \leqslant T)$ 附近的边界层校正项

$$\boldsymbol{Q}^*(\eta, t, \varepsilon) \sim \sum_{i=1}^{+\infty} \boldsymbol{Q}_i^*(\eta, t) \varepsilon^i,$$

其中 $\eta = \dfrac{1-x}{\varepsilon}$.

最后, 注意到初始层校正项 $\boldsymbol{V}$ 和边界层校正项 $\boldsymbol{Q}$ 是分别独立构造出来的, 并且它们仅当远离相应初始层或边界层时才渐近为零, 故 $\boldsymbol{V}$ 和 $\boldsymbol{Q}$ 在原点附近和对方的层附近的交集上会产生不合理的影响. 为了消除这些影响, 尚需构造点 $(0, 0)$ 附近的角边界层校正项 $\boldsymbol{P}(\xi, \tau)$. 同样, 还要构造点 $(1, 0)$ 附近的角边界层校正项 $\boldsymbol{P}^*(\eta, \tau)$. 令

$$\boldsymbol{P}(\xi, \tau, \varepsilon) \sim \sum_{i=0}^{\infty} \boldsymbol{P}_i(\xi, \tau) \varepsilon^i,$$

将 $\boldsymbol{u} = \bar{\boldsymbol{u}}(x, t, \varepsilon) + \boldsymbol{V}(x, \tau, \varepsilon) + \boldsymbol{Q}(\xi, t, \varepsilon) + \boldsymbol{P}(\xi, \tau, \varepsilon)$ 代入 (5.2.23)~(5.2.25), 比较 ε 的同次幂系数, 结合 (5.2.29) 和 (5.2.32) 可知, $\boldsymbol{P}_0$ 满足

$$\begin{aligned} &\frac{\partial \boldsymbol{P}_0}{\partial \tau} - a(0, 0)\frac{\partial^2 \boldsymbol{P}_0}{\partial \xi^2} \\ &= \boldsymbol{f}(\bar{\boldsymbol{u}}_0(0, 0) + \boldsymbol{V}_0(0, \tau) + \boldsymbol{P}_0, 0, 0, 0) \\ &\quad -\boldsymbol{f}(\bar{\boldsymbol{u}}_0(0, 0) + \boldsymbol{V}_0(0, \tau), 0, 0, 0), \quad \xi > 0, \ \tau > 0, \end{aligned}$$

$$\boldsymbol{P}_0(\xi, 0) = -\boldsymbol{Q}_0(\xi, 0) = 0, \qquad \frac{\partial \boldsymbol{P}_0}{\partial \xi}(0, \tau) = 0,$$

故 $\boldsymbol{P}_0 \equiv 0$, $\boldsymbol{P}_i(\xi, \tau)$ 应满足

$$\frac{\partial \boldsymbol{P}_i}{\partial \tau} - a(0, 0)\frac{\partial^2 \boldsymbol{P}_i}{\partial \xi^2} - \boldsymbol{f}_{\boldsymbol{u}}(\bar{\boldsymbol{u}}_0(0, 0) + \boldsymbol{V}_0(0, \tau), 0, 0, 0)\boldsymbol{P}_i = \boldsymbol{p}_i(\xi, \tau), \tag{5.2.33}$$

$$\boldsymbol{P}_i(\xi,0) = -\boldsymbol{Q}_i(\xi,0), \quad \frac{\partial \boldsymbol{P}_i}{\partial \xi}(0,\tau) = -\frac{\partial \boldsymbol{V}_{i-1}}{\partial x}(0,\tau), \tag{5.2.34}$$

其中 $p_i(\xi,\tau)$ 可由 $\boldsymbol{V}_k, \boldsymbol{Q}_k$ $(k \leqslant i)$ 和 $\boldsymbol{P}_j$ $(j < i)$ 依次确定. 由 (5.2.29) 和 (5.2.32) 知, (5.2.34) 中的两个条件是相容的, 并且当 $\boldsymbol{P}_1, \boldsymbol{P}_2, \cdots, \boldsymbol{P}_{i-1}$ 为当 $\xi \to +\infty$ 且 $\tau \to +\infty$ 时的指数型小项时, p_i 也是.

为求解 (5.2.33), (5.2.34), 首先任取一个充分光滑的向量函数, 如

$$\begin{aligned}
\boldsymbol{g}_i(\xi,\tau) = {}& -\boldsymbol{Q}_i(\xi,0) \exp(-\kappa\tau) \\
& + \left[\frac{\partial \boldsymbol{V}_{i-1}}{\partial x}(0,\tau) - \frac{\partial \boldsymbol{V}_{i-1}}{\partial x}(0,0) \exp(-\kappa\tau) \right] \frac{1}{\kappa} \exp(-\kappa\xi),
\end{aligned}$$

使得 $\boldsymbol{g}_i(\xi,\tau)$ 满足 (5.2.34), 则 $\bar{\boldsymbol{P}}_i \equiv \boldsymbol{P}_i - \boldsymbol{g}_i$ 满足如下齐次边界条件问题:

$$\begin{aligned}
& \frac{\partial \bar{\boldsymbol{P}}_i}{\partial \tau} - a(0,0) \frac{\partial^2 \bar{\boldsymbol{P}}_i}{\partial \xi^2} - \boldsymbol{f_u}(\bar{\boldsymbol{u}}_0(0,0) + \boldsymbol{V}_0(0,\tau), 0, 0, 0) \bar{\boldsymbol{P}}_i \\
& = p_i - \frac{\partial \boldsymbol{g}_i}{\partial \tau} + a(0,0) \frac{\partial^2 \boldsymbol{g}_i}{\partial \xi^2} + \boldsymbol{f_u}(\bar{\boldsymbol{u}}_0(0,0) + \boldsymbol{V}_0(0,\tau), 0, 0, 0) \boldsymbol{g}_i \\
& \equiv \boldsymbol{h}_i(\xi,\tau),
\end{aligned}$$

$$\bar{\boldsymbol{P}}_i(\xi,0) = 0, \quad \frac{\partial \bar{\boldsymbol{P}}_i}{\partial \xi}(0,\tau) = 0.$$

令 $\tilde{\boldsymbol{P}}_i = \boldsymbol{\Phi}^{-1}(0,\tau) \bar{\boldsymbol{P}}_i$, 则 $\tilde{\boldsymbol{P}}_i$ 满足如下齐次边界条件问题:

$$\frac{\partial \tilde{\boldsymbol{P}}_i}{\partial \tau} - a(0,0) \frac{\partial^2 \tilde{\boldsymbol{P}}_i}{\partial \xi^2} = \boldsymbol{\Phi}^{-1}(0,\tau) \boldsymbol{h}_i(\xi,\tau), \tag{5.2.35}$$

$$\tilde{\boldsymbol{P}}_i(\xi,0) = 0, \quad \frac{\partial \tilde{\boldsymbol{P}}_i}{\partial \xi}(0,\tau) = 0. \tag{5.2.36}$$

通过偶延拓法和齐次化原理, 可以得到问题 (5.2.35), (5.2.36) 的解为

$$\begin{aligned}
\tilde{\boldsymbol{P}}_i(\xi,\tau) = {}& \int_0^\tau \frac{1}{2\sqrt{\pi a(0,0)(\tau-\tau_0)}} \int_0^{+\infty} \left[\exp\left(-\frac{(\xi-\xi_0)^2}{4a(0,0)(\tau-\tau_0)} \right) \right. \\
& \left. + \exp\left(-\frac{(\xi+\xi_0)^2}{4a(0,0)(\tau-\tau_0)} \right) \right] \boldsymbol{\Phi}^{-1}(0,\tau_0) \boldsymbol{h}_i(\xi_0,\tau_0) \mathrm{d}\xi_0 \mathrm{d}\tau_0,
\end{aligned}$$

从而问题 (5.2.33), (5.2.34) 的解为

$$\begin{aligned}
\boldsymbol{P}_i(\xi,\tau) = {}& \boldsymbol{\Phi}(0,\tau) \tilde{\boldsymbol{P}}_i(\xi,\tau) + \boldsymbol{g}_i(\xi,\tau) \\
= {}& \boldsymbol{g}_i(\xi,\tau) + \int_0^\tau \int_0^{+\infty} \boldsymbol{G}(\xi,\tau,\xi_0,\tau_0) \boldsymbol{h}_i(\xi_0,\tau_0) \mathrm{d}\xi_0 \mathrm{d}\tau_0,
\end{aligned}$$

其中

$$\begin{aligned}
\boldsymbol{G}(\xi,\tau,\xi_0,\tau_0) = {}& \frac{\boldsymbol{\Phi}(0,\tau) \boldsymbol{\Phi}^{-1}(0,\tau_0)}{2\sqrt{\pi a(0,0)(\tau-\tau_0)}} \left[\exp\left(-\frac{(\xi-\xi_0)^2}{4a(0,0)(\tau-\tau_0)} \right) \right. \\
& \left. + \exp\left(-\frac{(\xi+\xi_0)^2}{4a(0,0)(\tau-\tau_0)} \right) \right].
\end{aligned}$$

再由式 (5.2.30), 矩阵 $\boldsymbol{G}(\xi, \tau, \xi_0, \tau_0)$ 成立下列估计式:

$$\|\boldsymbol{G}(\xi, \tau, \xi_0, \tau_0)\| \leqslant \frac{C}{\sqrt{\tau - \tau_0}} \exp(-\kappa(|\xi - \xi_0| + \tau - \tau_0)),$$

其中 C 和 κ 为某个正常数. 由此估计式易证, 对所有 $\boldsymbol{P}_i(\xi, \tau)$ 都有形如

$$\|\boldsymbol{P}_i(\xi, \tau)\| \leqslant C \exp(-\kappa(\xi + \tau)) \tag{5.2.37}$$

的估计式. 类似地, 可以确定 $\boldsymbol{P}^*(\eta, \tau, \varepsilon) \sim \sum\limits_{i=0}^{\infty} \boldsymbol{P}_i^*(\eta, \tau)\varepsilon^i$ 的各项系数 $\boldsymbol{P}_i^*(\eta, \tau)$, 并且 $\boldsymbol{P}_i^*(\eta, \tau)$ 具有类似于 (5.2.37) 的指数型衰减的估计式.

综上所述, 便得到问题 (5.2.23)~(5.2.25) 的解的如下形式渐近展开式:

$$\sum_{i=0}^{\infty} \varepsilon^i \left[\bar{\boldsymbol{u}}_i(x, t) + \boldsymbol{V}_i(x, \tau) + \boldsymbol{Q}_i(\xi, t) + \boldsymbol{Q}_i^*(\eta, t) + \boldsymbol{P}_i(\xi, \tau) + \boldsymbol{P}_i^*(\eta, \tau) \right], \tag{5.2.38}$$

其中 $\tau = \dfrac{t}{\varepsilon^2}$, $\xi = \dfrac{x}{\varepsilon}$, $\eta = \dfrac{1 - x}{\varepsilon}$, 并且有如下结果:

在假设 (H$_1$) ~ (H$_4$) 下, 对充分小的 $\varepsilon > 0$, 问题 (5.2.23)~(5.2.25) 存在解 $\boldsymbol{u} = \boldsymbol{u}(x, t, \varepsilon)$, 并且 (5.2.38) 是该解当 $\varepsilon \to 0$ 时在矩形 $\overline{\Omega}$ 内的渐近展开式 (详细证明可参见文献 [25]).

5.3　双曲型方程的初始层与边界层解

5.3.1　线性双曲型方程

本小节讨论双曲型方程的奇异摄动问题解的渐近展开式的构造和误差估计.

考虑如下双曲型方程的奇异摄动初值问题[5]:

$$L_\varepsilon[u(x, t)] = \varepsilon \left(\frac{\partial^2 u}{\partial t^2} - \frac{\partial^2 u}{\partial x^2} \right) + a\frac{\partial u}{\partial x} + b\frac{\partial u}{\partial t} + du$$
$$= f(x, t), \quad -\infty < x < +\infty, \ t > 0, \tag{5.3.1}$$

$$u(x, 0) = g(x), \quad \frac{\partial u}{\partial t}(x, 0) = h(x), \quad -\infty < x < +\infty, \tag{5.3.2}$$

其中系数 $a, b(> 0)$, d 为常数, 并且 $1 - \dfrac{a^2}{b^2} > p_0^2 (p_0 \neq 0)$, ε 为一个小的正参数, 函数 f, g 和 h 在各自自变量对应的区域内都是任意阶可导的.

问题 (5.3.1), (5.3.2) 的退化问题

$$a\frac{\partial w}{\partial x} + b\frac{\partial w}{\partial t} + dw = f(x, t), \quad -\infty < x < +\infty, \ t > 0,$$

$$w(x,0) = g(x), \quad -\infty < x < +\infty$$

的解 $w(x,t)$ 存在. 一般地, 它不满足初始条件 (5.3.2) 中第二个条件. 于是引入一个校正项 v, 使得 $w+v$ 满足 (5.3.2) 中的第二个条件. 为此, 引入伸展变换 $t = \varepsilon\tau$, 将 τ 代入 L_ε, 保留微分表达式 $L_\varepsilon[w+v]$ 中的主要项,

$$\frac{\partial^2 v}{\partial \tau^2} + b\frac{\partial v}{\partial \tau} = 0, \quad 0 < \tau < \infty, \tag{5.3.3}$$

$$\frac{\partial w}{\partial t}(x,0) + \frac{\partial v}{\partial t}(x,0) = h(x), \quad -\infty < x < +\infty,$$

即

$$\frac{\partial v}{\partial \tau}(x,0) = \varepsilon\left[h(x) - \frac{\partial w}{\partial t}(x,0)\right], \quad -\infty < x < +\infty. \tag{5.3.4}$$

假设

$$v(x,\infty) = \lim_{\tau \to \infty} v(x,\tau) = 0, \tag{5.3.5}$$

(5.3.3)~(5.3.5) 的解是

$$v(x,\tau) = v\left(x, \frac{t}{\varepsilon}\right) = \varepsilon\frac{\dfrac{\partial w}{\partial t}(x,0) - h(x)}{b}\exp\left(-b\frac{t}{\varepsilon}\right). \tag{5.3.6}$$

最后设

$$u(x,t) = w(x,t) + v\left(x, \frac{t}{\varepsilon}\right) + R_\varepsilon(x,t), \tag{5.3.7}$$

其中 R_ε 为余项, 满足如下微分方程:

$$L_\varepsilon[R_\varepsilon(x,t)] = -\varepsilon\left(\frac{\partial^2 w}{\partial t^2} - \frac{\partial^2 w}{\partial x^2}\right) + \varepsilon\frac{\partial^2 v}{\partial x^2} - a\frac{\partial v}{\partial x} - dv.$$

从 (5.3.6) 可以得到

$$L_\varepsilon[R_\varepsilon] = O(\varepsilon). \tag{5.3.8}$$

在任意有界区域 $G \subset \{t | t \geqslant 0\}$ 中一致成立. 同时, $R_\varepsilon(x,t)$ 满足初始条件

$$R_\varepsilon(x,0) = -v(x,0) = O(\varepsilon) \tag{5.3.9}$$

和

$$\frac{\partial R_\varepsilon}{\partial t}(x,0) = 0, \quad -\infty < x < +\infty. \tag{5.3.10}$$

下面利用能量积分[27~31] 对解进行估计. 用 $2u$ 乘式 (5.3.1) 两边得

$$\frac{\partial}{\partial t}(bu^2 + 2\varepsilon uu_t) + \frac{\partial}{\partial x}(au^2 - 2\varepsilon uu_x)$$
$$= (-2d)u^2 + 2\varepsilon u_t^2 - 2\varepsilon u_x^2 + 2fu,$$

再分别用 $2bu_t$ 和 $2au_x$ 乘式 (5.3.1) 两边得

$$\frac{\partial}{\partial t}(\varepsilon bu_t^2 + \varepsilon bu_x^2) + \frac{\partial}{\partial x}(-2\varepsilon bu_t u_x)$$
$$= -2b^2 u_t^2 - 2bduu_t - 2abu_t u_x + 2bfu_t$$

和

$$\frac{\partial}{\partial t}(2\varepsilon au_t u_x) - \frac{\partial}{\partial x}(\varepsilon au_t^2 + \varepsilon au_x^2)$$
$$= -2aduu_x - 2abu_t u_x - 2a^2 u_x^2 + 2afu_x.$$

将上述三个方程相加得

$$\frac{\partial}{\partial t}Q_1 + \frac{\partial}{\partial x}Q_2 = Q_3,$$

其中

$$Q_1 = bu^2 + 2\varepsilon uu_t + \varepsilon bu_t^2 + 2\varepsilon u_t u_x + \varepsilon bu_x^2, \tag{5.3.11}$$

$$Q_2 = au^2 - 2\varepsilon uu_x - \varepsilon au_t^2 - 2\varepsilon bu_t u_x - \varepsilon au_x^2, \tag{5.3.12}$$

$$Q_3 = (-2d)u^2 - 2(bu_t + au_x)^2 - 2du(bu_t + au_x)$$
$$+ 2f(bu_t + au_x) + 2fu + 2\varepsilon(u_t^2 - u_x^2)$$
$$\leqslant (-2d)u^2 + (du - f)^2 + u^2 + f^2 + 2\varepsilon(u_t^2 - u_x^2)$$
$$\leqslant (1 - 2d + 2d^2)u^2 + 3f^2 + \varepsilon(2u_t^2 - 2u_x^2 + u^2),$$

所以对充分小的 ε 有

$$\frac{\partial Q_1}{\partial t} + \frac{\partial Q_2}{\partial x} \leqslant Q_4 + 3f^2, \tag{5.3.13}$$

其中 Q_1 和 Q_2 如 (5.3.11), (5.3.12) 所示, 而

$$Q_4 = 2(1 - d + d^2)u^2 + 2\varepsilon(u_t^2 - u_x^2). \tag{5.3.14}$$

设 Ω 是半平面 $t \geqslant 0$ 上曲边梯形 $ABCD$ 所围的区域, 其边界是 x 轴上的线段 $AB : \gamma_1(0) \leqslant x \leqslant \gamma_2(0)$, 平行 x 轴的直线段 $CD : t = T$, 曲边 $AD : x = \gamma_1(t)$ 和曲边 $BC : x = \gamma_2(t)$. 为了在任意完备闭子区域 $\overline{G} \subseteq \Omega$ 上估计 u, 对式 (5.3.13) 两边在 Ω 上积分, 利用格林定理得

$$-\int_{AB} Q_1 \mathrm{d}s + \frac{1}{\sqrt{2}}\int_{BC}(Q_1 + Q_2)\mathrm{d}s + \int_{CD}Q_1\mathrm{d}s + \frac{1}{\sqrt{2}}\int_{DA}(Q_1 - Q_2)\mathrm{d}s$$
$$\leqslant \iint\limits_{\Omega} Q_4\mathrm{d}t\mathrm{d}x + 3\iint\limits_{\Omega} f^2\mathrm{d}t\mathrm{d}x$$

或

$$\int_{DC} Q_1\mathrm{d}x + \frac{1}{\sqrt{2}}\int_{BC}(Q_1 + Q_2)\mathrm{d}s + \frac{1}{\sqrt{2}}\int_{DA}(Q_1 - Q_2)\mathrm{d}s$$
$$\leqslant \int_{AB} Q_1\mathrm{d}x + \iint\limits_{\Omega} Q_4\mathrm{d}t\mathrm{d}x + 3\iint\limits_{\Omega} f^2\mathrm{d}t\mathrm{d}x. \tag{5.3.15}$$

·106· 第 5 章　偏微分方程

因为式 (5.3.15) 左边所有的积分值在 $\overline{\Omega}$ 中都是正的有限值, 事实上, 利用任意一个非零常数 q 都可以估计

$$
\begin{aligned}
Q_1 &= bu^2 + 2\varepsilon uu_t + \varepsilon bu_t^2 + 2\varepsilon au_tu_x + \varepsilon bu_x^2 \\
&\geqslant (b - \sqrt{\varepsilon})u^2 + \varepsilon(b - \sqrt{\varepsilon})u_t^2 + \varepsilon bu_x^2 + 2\varepsilon aqu_tq^{-1}u_x \\
&\geqslant (b - \sqrt{\varepsilon})u^2 + \varepsilon(b - q^2 - \sqrt{\varepsilon})u_t^2 + \varepsilon(b - a^2q^{-2})u_x^2,
\end{aligned}
$$

由假设 $b > 0$ 和 $1 - \dfrac{a^2}{b^2} > p_0^2$, 所以存在一个正数 q^2, 满足 $\dfrac{a^2}{b} < q^2 < b$, 故对任意的 $\varepsilon(0 < \varepsilon \leqslant \varepsilon_0)$ 有

$$
Q_1 \geqslant m(u^2 + \varepsilon u_t^2 + \varepsilon u_x^2), \quad \forall x, t \in \overline{\Omega}, \tag{5.3.16}
$$

其中 m 和 ε_0 都为正常数, 依赖于系数 a, b 和区域 $\overline{\Omega}$, 但不依赖于 ε.

从式 (5.3.11) 和 (5.3.12) 可以得到

$$
Q_1 + Q_2 = (b + a)u^2 + 2\varepsilon u(u_t - u_x) + \varepsilon(b - a)(u_t - u_x)^2
$$

和

$$
Q_1 - Q_2 = (b - a)u^2 + 2\varepsilon u(u_t + u_x) + \varepsilon(b + a)(u_t + u_x)^2.
$$

再利用 $1 - \dfrac{a^2}{b^2} > p_0^2 > 0$, 对充分小的 $\varepsilon(0 < \varepsilon \leqslant \varepsilon_0)$,

$$
Q_1 \pm Q_2 \geqslant m[u^2 + \varepsilon(u_t \mp u_x)^2], \quad \forall(x, t) \in \overline{\Omega}, \tag{5.3.17}
$$

其中 m 也为依赖于系数 a, b 和区域 $\overline{\Omega}$ 的常数.

另一方面, 根据式 (5.3.11), (5.3.14) 以及系数 a, b, d 的正则性, 存在一个依赖于系数 a, b 和区域 $\overline{\Omega}$, 但不依赖于 ε 的常数 M, 使得

$$
|Q_1| + |Q_4| \leqslant M(u^2 + \varepsilon u_t^2 + \varepsilon u_x^2), \quad \forall(x, t) \in \overline{\Omega}, \; 0 < \varepsilon \leqslant \varepsilon_0. \tag{5.3.18}
$$

将式 (5.3.16)~(5.3.18) 代入式 (5.3.15) 得

$$
\begin{aligned}
&m\int_{DC}(u^2 + \varepsilon u_t^2 + \varepsilon u_x^2)\mathrm{d}x + \frac{m}{\sqrt{2}}\int_{BC}[u^2 + \varepsilon(u_t - u_x)^2]\mathrm{d}s \\
&+ \frac{m}{\sqrt{2}}\int_{DA}[u^2 + \varepsilon(u_t + u_x)^2]\mathrm{d}s \\
&\leqslant M\int_{AB}(u^2 + \varepsilon u_t^2 + \varepsilon u_x^2)\mathrm{d}x + M\iint_{\Omega}(u^2 + \varepsilon u_t^2 + \varepsilon u_x^2)\mathrm{d}t\mathrm{d}x + 3\iint_{\Omega}f^2\mathrm{d}t\mathrm{d}x \\
&= M\iint_{\Omega}(u^2 + \varepsilon u_t^2 + \varepsilon u_x^2)\mathrm{d}t\mathrm{d}x + K(\Omega), \tag{5.3.19}
\end{aligned}
$$

其中 $K(\Omega)$ 由初始条件 (5.3.2) 和函数 f 决定,

$$K(\Omega) = M \left(\|g\|_{[AB]}^2 + \varepsilon \|g_x\|_{[AB]}^2 + \varepsilon \|h\|_{[AB]}^2 \right) + 3 \|f\|_{[ABCD]}^2, \tag{5.3.20}$$

其中 $\|g\|_{AB}$ 为函数 g 关于积分区间 AB 的 L_2 范数, 其他各项类似. 因为所有被积函数的估计在整个区域 $\overline{\Omega}$ 上都有效, 所以式 (5.3.19) 对任意区域 $ABC^*D^* \subset ABCD$(其中 C^*, D^* 分别在曲边 BC, AD 上, 并且 $D^*C^* /\!\!/ AB$) 也有效.

因此, 由 (5.3.19) 得

$$\int_{\gamma_1(t)}^{\gamma_2(t)} (u^2 + \varepsilon u_t^2 + \varepsilon u_x^2)\mathrm{d}x - \frac{M}{m} \int_0^t \int_{\gamma_1(\tau)}^{\gamma_2(\tau)} (u^2 + \varepsilon u_t^2 + \varepsilon u_x^2)\mathrm{d}x\mathrm{d}\tau \leqslant \frac{1}{m}K(\Omega)$$

对 $0 \leqslant t \leqslant T$, $0 < \varepsilon \leqslant \varepsilon_0$ 有效.

利用 Gronwall 引理[5] 得

$$\begin{aligned}
\int_{\gamma_1(t)}^{\gamma_2(t)} (u^2 + \varepsilon u_t^2 + \varepsilon u_x^2)\mathrm{d}x &\leqslant \frac{1}{m}K(\Omega) \exp\left(\frac{M}{m}t\right) \\
&\leqslant \frac{1}{m}K(\Omega) \exp\left(\frac{M}{m}T\right) \\
&= C(\Omega)K(\Omega)
\end{aligned} \tag{5.3.21}$$

对 $0 \leqslant t \leqslant T$, $0 < \varepsilon \leqslant \varepsilon_0$ 有效, 其中 $C(\Omega) = \dfrac{1}{m} \exp\left(\dfrac{M}{m}T\right)$. 当由 (5.3.20) 确定的 $K(\Omega)$ 保持不变时, 常数 $C(\Omega)$ 增加不会影响前面的结果. 将 (5.3.19) 作用于区域 $A'B'C'D' \subset ABCD$(其中 A', B' 在 x 轴上且 $D'C' /\!\!/ A'B'$), 利用式 (5.3.21) 得

$$\int_{B'C'} [u^2 + \varepsilon(u_t - u_x)^2]\mathrm{d}s \leqslant C(\Omega)K(\Omega)$$

和

$$\int_{D'A'} [u^2 + \varepsilon(u_t + u_x)^2]\mathrm{d}s \leqslant C(\Omega)K(\Omega), \tag{5.3.22}$$

对 Ω 内曲线段 $B'C'$ 和 $D'A'$ 上所有的特征值和充分小的 $\varepsilon(0 < \varepsilon \leqslant \varepsilon_0)$ 有效.

利用 Schwarz 不等式得到 Ω 中的估计为

$$\begin{aligned}
\left| u^2(x,t) - u^2(\gamma_1(t),t) \right| &= \left| 2 \int_{\gamma_1(t)}^{x} u(\xi,t)u_x(\xi,t)\mathrm{d}\xi \right| \\
&\leqslant 2 \int_{\gamma_1(t)}^{x} |u(\xi,t)| \cdot |u_x(\xi,t)| \, \mathrm{d}\xi \\
&\leqslant 2 \left[\int_{\gamma_1(t)}^{\gamma_2(t)} u^2(\xi,t)\mathrm{d}\xi \right]^{1/2} \left[\int_{\gamma_1(t)}^{\gamma_2(t)} u_x^2(\xi,t)\mathrm{d}\xi \right]^{1/2}.
\end{aligned}$$

由 (5.3.21) 得

$$\left|u^2(x,t) - u^2(\gamma_1(t),t)\right| \leqslant \varepsilon^{-1/2}C(\Omega)K(\Omega)$$

或

$$u^2(\gamma_1(t),t) \leqslant u^2(x,t) + C(\Omega)K(\Omega)\varepsilon^{-1/2}.$$

上述不等式在 $\gamma_1(t)$ 与 $\gamma_2(t)$ 之间关于 x 积分得

$$\theta_1 u^2(\gamma_1(t),t) \leqslant \int_{\gamma_1(t)}^{\gamma_2(t)} u^2(x,t)\mathrm{d}x + \theta_2 C(\Omega)K(\Omega)\varepsilon^{-1/2},$$

其中

$$\theta_1 = \min_{0\leqslant t\leqslant T}[\gamma_2(t) - \gamma_1(t)] = \overline{CD},$$
$$\theta_2 = \max_{0\leqslant t\leqslant T}[\gamma_2(t) - \gamma_1(t)] = \overline{AB}.$$

再由 (5.3.21) 得

$$\theta_1 u^2(\gamma_1(t),t) \leqslant C(\Omega)K(\Omega)(1 + \theta_2\varepsilon^{-1/2}).$$

因为

$$u^2(x,t) \leqslant u^2(\gamma_1(t),t) + C(\Omega)K(\Omega)\varepsilon^{-1/2},$$

所以

$$u^2(x,t) \leqslant C(\Omega)K(\Omega)\left[\theta_1^{-1} + (\theta_2\theta_1^{-1} + 1)\varepsilon^{-1/2}\right],$$

或将 $(\theta_2\theta_1^{-1} + 1)$ 并入 $C(\Omega)$ 中,

$$u(x,t) < \sqrt{C(\Omega)K(\Omega)}\varepsilon^{-1/4} \tag{5.3.23}$$

在闭区域 $\overline{ABCD}$ 中对充分小的 $\varepsilon(0 < \varepsilon \leqslant \varepsilon_0)$ 一致成立. 于是也能得到 $u_x(x,t)$ 和 $u_t(x,t)$ 的估计式.

设 $P(x,t)$ 是 Ω 中的任意点, PQ 和 PR 是经过 P 点的特征值. 用 $2(u_t - u_x)$ 乘 (5.3.1) 两边, 并经过计算得

$$2\varepsilon(u_t - u_x)\left(\frac{\partial}{\partial t} + \frac{\partial}{\partial x}\right)\left(\frac{\partial}{\partial t} - \frac{\partial}{\partial x}\right)u + a(u_t - u_x)[(u_t + u_x) - (u_t - u_x)]$$
$$+b(u_t - u_x)[(u_t + u_x) + (u_t - u_x)] + 2d(u_t - u_x)u = 2f(u_t - u_x)$$

或

$$\varepsilon\left(\frac{\partial}{\partial t} + \frac{\partial}{\partial x}\right)(u_t - u_x)^2 = (a - b)(u_t - u_x)^2 - (a + b)(u_t - u_x)(u_t + u_x)$$
$$-2d(u_t - u_x)u + 2f(u_t - u_x).$$

引入正数 σ_1 和 σ_2, 它们将在下面选择, 使得

$$\varepsilon\left(\frac{\partial}{\partial t} + \frac{\partial}{\partial x}\right)(u_t - u_x)^2 \leqslant \left[(a-b) + \sigma_1\frac{a+b}{2} + \sigma_2\right](u_t - u_x)^2$$
$$+ \frac{a+b}{2}\frac{1}{\sigma_1}(u_t + u_x)^2 + \frac{1}{\sigma_2}(f - du)^2$$
$$= (-q_1 + \sigma_1 q_2 + \sigma_2)(u_t - u_x)^2$$
$$+ q_2\frac{1}{\sigma_1}(u_t + u_x)^2 + \frac{1}{\sigma_2}(f - du)^2$$

在 $\overline{\Omega}$ 中对 $0 < \varepsilon \leqslant \varepsilon_0$ 一致成立, 其中 $q_1 = b - a$, $q_2 = \dfrac{a+b}{2}$.

选择 $\sigma_1 = \dfrac{q_1}{2q_2}$ 和 $\sigma_2 = \dfrac{q_1}{4}$, 可得如下估计式:

$$\varepsilon\left(\frac{\partial}{\partial t} + \frac{\partial}{\partial x}\right)(u_t - u_x)^2 < q_2\frac{1}{\sigma_1}(u_t + u_x)^2 + \frac{1}{\sigma_2}(f - du)^2$$
$$= \frac{2q_2^2}{q_1}(u_t + u_x)^2 + \frac{4}{q_1}(f - du)^2$$

在 $\overline{\Omega}$ 中对 $0 < \varepsilon \leqslant \varepsilon_0$ 一致成立.

对上面的不等式沿 PQ 积分, 并利用 (5.3.22) 得

$$\varepsilon(u_t - u_x)^2(P) < \varepsilon(u_t - u_x)^2(Q) + \frac{2q_2^2}{q_1}\frac{1}{\varepsilon}C(\Omega)K(\Omega)$$
$$+ \frac{8}{q_1}\int_{PQ}(f^2 + d^2u^2)\mathrm{d}s.$$

由 (5.3.23) 得

$$|u_t - u_x| < \sqrt{C(\Omega)K(\Omega)}\varepsilon^{-1}, \quad \forall(x,t) \in \overline{\Omega}, \ 0 < \varepsilon \leqslant \varepsilon_0,$$

其中常数 q_1 和 q_2 已并入 $C(\Omega)$.

类似地可得

$$|u_t + u_x| < \sqrt{C(\Omega)K(\Omega)}\varepsilon^{-1}, \quad \forall(x,t) \in \overline{\Omega}, \ 0 < \varepsilon \leqslant \varepsilon_0.$$

这样得到初值问题 (5.3.1), (5.3.2) 的解的逐点估计式 (5.3.23), 以及

$$u_x(x,t) < \sqrt{C(\Omega)K(\Omega)}\varepsilon^{-1}, \tag{5.3.24}$$

$$u_t(x,t) < \sqrt{C(\Omega)K(\Omega)}\varepsilon^{-1}. \tag{5.3.25}$$

最后, 对余项 $R_\varepsilon(x,t)$ 进行估计. 由 (5.3.8)~(5.3.10) 知

$$\left(\frac{\partial^2 R_\varepsilon}{\partial t^2} - \frac{\partial^2 R_\varepsilon}{\partial x^2}\right) + a\frac{\partial R_\varepsilon}{\partial x} + b\frac{\partial R_\varepsilon}{\partial t} + dR_\varepsilon = O(\varepsilon), \quad t > 0,$$

$$R_\varepsilon(x,0) = -v(x,0) = -\varepsilon \frac{\dfrac{\partial w}{\partial t}(x,0) - h(x)}{b} = O(\varepsilon),$$

$$\frac{\partial}{\partial t} R_\varepsilon(x,0) = 0.$$

由 (5.3.20) 知 $K(\Omega) = O(\varepsilon^2)$, 再由 (5.3.23)~(5.3.25) 知

$$R_\varepsilon(x,t) = O(\varepsilon^{3/4}),$$

$$\frac{\partial}{\partial x} R_\varepsilon(x,t) = O(1), \quad \frac{\partial}{\partial t} R_\varepsilon(x,t) = O(1).$$

最后由 (5.3.7) 知

$$v\left(x, \frac{t}{\varepsilon}\right) = O(\varepsilon), \quad \frac{\partial v}{\partial x}\left(x, \frac{t}{\varepsilon}\right) = O(\varepsilon), \quad \frac{\partial v}{\partial t}\left(x, \frac{t}{\varepsilon}\right) = O(1).$$

综上可得

$$u(x,t) = w(x,t) + O(\varepsilon^{3/4}),$$

$$\frac{\partial u}{\partial x}(x,t) = \frac{\partial w}{\partial x}(x,t) + O(1),$$

$$\frac{\partial u}{\partial t}(x,t) = \frac{\partial w}{\partial t}(x,t) + O(1).$$

5.3.2　拟线性双曲型方程

下面利用不动点原理 (见引理 2.3.1), 考虑如下双曲型方程的奇异摄动初值问题[5]:

$$\varepsilon L_2[u] + L_1[u] = 0, \quad (x,t) \in D = \{-\infty < x < +\infty, \ t > 0\}, \tag{5.3.26}$$

$$L_2[u] = \frac{\partial^2 u}{\partial t^2} - c^2(x,t)\frac{\partial^2 u}{\partial x^2},$$

$$L_1[u] = a(x,t,u)\frac{\partial u}{\partial x} + b(x,t,u)\frac{\partial u}{\partial t} + d(x,t,u), \tag{5.3.27}$$

$$u(x,0) = f(x), \quad \frac{\partial u}{\partial t}(x) = g(x), \quad -\infty < x < +\infty, \tag{5.3.28}$$

其中 $a(x,t,u),\ b(x,t,u),\ d(x,t,u) \in C^\infty(\bar{D} \times \mathbf{R}),\ c(x,t) \in C^\infty(\bar{D}),\ f(x),\ g(x) \in C^\infty(\mathbf{R})$, 满足

(H$_1$) 在 $\bar{D}$ 中, $c(x,t) > 0$, 并且在任意区域 $\{(x,t)|-\infty < x < +\infty,\ 0 \leqslant t \leqslant T^*\}$ 中, $c(x,t)$ 一致有界;

(H$_2$) 在 $\bar{D} \times \mathbf{R}$ 中, $b(x,t,u) > 0,\ |a(x,t,u)| < b(x,t,u)c(x,t)$.

假设初值问题 (5.3.26)~(5.3.28) 的形式近似解为

$$\bar{u}_0(x,t) = w_0(x,t) + \varepsilon v_0\left(x, \frac{t}{\varepsilon}\right), \tag{5.3.29}$$

其中 $w_0(x,t)$ 为退化问题的解, 满足

$$a(x,t,w_0)\frac{\partial w_0}{\partial x} + b(x,t,w_0)\frac{\partial w_0}{\partial t} + d(x,t,w_0) = 0, \quad (x,t) \in D,$$

$$w_0(x,0) = f(x), \quad -\infty < x < +\infty,$$

$\varepsilon v_0\left(x, \dfrac{t}{\varepsilon}\right) = \varepsilon v_0(x,\tau)$ 为边界层校正项, 它是如下边值问题的解:

$$\frac{\partial^2 v_0}{\partial \tau^2} + b(x,0,w_0(x,0))\frac{\partial v_0}{\partial \tau} = 0, \quad \tau > 0,$$

$$\frac{\partial v_0}{\partial \tau}(x,0) = g(x) - \frac{\partial w_0}{\partial t}(x,0), \quad \lim_{\tau \to \infty} v_0(x,\tau) = 0. \tag{5.3.30}$$

虽然系数 $a(x,t,w_0)$, $b(x,t,w_0)$, $d(x,t,w_0)$ 和函数 $f(x)$ 都具有正则性, 但退化问题的解在有限时间内可能趋于无穷大, 或经过时间 T 后可能变为多值的. 因此, 假定在区域 $\overline{\Omega}_0 = \{(x,t)| -\infty < x < +\infty, \ 0 \leqslant t \leqslant T\}$ 中, $w_0(x,t) \in C^\infty$. 从 (5.3.30) 容易得到边界层校正项如下:

$$\varepsilon v_0\left(x, \frac{t}{\varepsilon}\right) = -\varepsilon \frac{g(x) - \dfrac{\partial w_0}{\partial t}(x,0)}{b(x,0,w_0(x,0))} \exp\left(-b(x,0,w_0(x,0))\frac{t}{\varepsilon}\right).$$

将 (5.3.29) 代入 (5.3.26) 得

$$\varepsilon L_2[\bar{u}_0] + L_1[\bar{u}_0] = O(\varepsilon)$$

在任意有界区域 $\overline{\Omega}_0$ 内一致成立, 并且

$$\bar{u}_0(x,0) = f(x) + \varepsilon v_0(x,0), \quad -\infty < x < +\infty,$$

$$\frac{\partial \bar{u}_0}{\partial t}(x,0) = g(x), \quad -\infty < x < +\infty,$$

所以 (5.3.29) 是 $u(x,t)$ 的达到 $O(\varepsilon)$ 量阶的形式近似解. 为了证明误差 $R_0(x,t)$ 在 $\overline{\Omega}_0$ 内是 $O(\varepsilon)$, 需要更高阶的近似解, 即

$$\bar{u}_1(x,t) = w_0(x,t) + \varepsilon w_1(x,t) + \varepsilon v_0\left(x, \frac{t}{\varepsilon}\right) + \varepsilon^2 v_1\left(x, \frac{t}{\varepsilon}\right). \tag{5.3.31}$$

将式 (5.3.31) 代入 (5.3.26)~(5.3.28), 按 ε 的幂展开知, 外部展开式的第二项 $\varepsilon w_1(x,t)$ 满足如下初值问题:

$$a(x,t,w_0)\frac{\partial w_1}{\partial x} + b(x,t,w_0)\frac{\partial w_1}{\partial t} + d_1(x,t,w_0)w_1 = -\left(\frac{\partial^2 w_0}{\partial t^2} - \frac{\partial^2 w_0}{\partial x^2}\right),$$
$$-\infty < x < +\infty, \ 0 < t \leqslant T,$$

$$w_1(x,0) = -v_0(x,0),$$

其中

$$d_1(x,t,w_0) = \frac{\partial a}{\partial u}(x,t,w_0)\frac{\partial w_0}{\partial x} + \frac{\partial b}{\partial u}(x,t,w_0)\frac{\partial w_0}{\partial t} + \frac{\partial d}{\partial u}(x,t,w_0).$$

第二初始层校正项 $\varepsilon^2 v_1\left(x,\dfrac{t}{\varepsilon}\right)$ 满足如下边界层问题:

$$\frac{\partial^2 v_1}{\partial \tau^2} + b(x,0,w_0(x,0))\frac{\partial v_1}{\partial \tau} = \psi(x,\tau), \quad \tau > 0,$$

$$\frac{\partial v_1}{\partial \tau}(x,0) = -\frac{\partial w_1}{\partial t}(x,0), \quad \lim_{\tau \to \infty} v_1(\tau) = 0,$$

其中

$$\psi(x,t) = \rho_0(x,w_0(x,0))v_0(x,\tau) + \rho_1(x,w_0(x,0))\frac{\partial v_0}{\partial x}(x,\tau)$$
$$+ \rho_2(x,w_0(x,0))w_1(x,0)\frac{\partial v_0}{\partial \tau}(x,\tau) + \rho_3(x,w_0(x,0))\tau\frac{\partial v_0}{\partial \tau}(x,\tau)$$
$$+ \rho_4(x,w_0(x,0))v_0(x,\tau)\frac{\partial v_0}{\partial \tau}(x,\tau).$$

同样, 在区域 $\overline{\Omega}_0 = \{(x,t)|-\infty < x < \infty, \ 0 \leqslant t \leqslant T\}$ 中, $w_1(x,t) \in C^\infty$, v_1 在 $\{(x,\tau)|-\infty < x < \infty, \ 0 \leqslant \tau < \infty\}$ 内一致有界[29, 31], 所以 (5.3.31) 是 $\bar{u}(x,t)$ 的达到 $O(\varepsilon^2)$ 量阶的形式近似解. 定义余项 $R(x,t)$ 如下:

$$u(x,t) = \bar{u}_1(x,t) - \varepsilon^2 v_1(x,0) + R(x,t), \tag{5.3.32}$$

记 $\bar{u}_1(x,t) - \varepsilon^2 v_1(x,0) = \tilde{u}_1(x,t)$, 当初始条件为

$$R(x,0) = \frac{\partial R}{\partial t}(x,0) = 0, \quad -\infty < x < +\infty$$

时可得

$$F[R] = \varepsilon\left[\frac{\partial^2 R}{\partial t^2} - c^2(x,t)\frac{\partial^2 R}{\partial x^2}\right] + a(x,t,\tilde{u}_1 + R)\frac{\partial R}{\partial x} + b(x,t,\tilde{u}_1 + R)\frac{\partial R}{\partial t}$$
$$+ [a(x,t,\tilde{u}_1 + R) - a(x,t,\tilde{u}_1)]\frac{\partial \tilde{u}_1}{\partial x} + [b(x,t,\tilde{u}_1 + R) - b(x,t,\tilde{u}_1)]\frac{\partial \tilde{u}_1}{\partial t}$$
$$+ [d(x,t,\tilde{u}_1 + R) - d(x,t,\tilde{u}_1)] = O(\varepsilon^2) \tag{5.3.33}$$

在任意闭区域 $\Omega \subset \overline{\Omega}_0$ 内一致成立. 下面利用不动点原理证明 $R = O(\varepsilon^{7/4})$, 因此,

$$u(x,t) = \tilde{u}_1(x,t) + O(\varepsilon^{7/4}), \quad u(x,t) = \bar{u}_0(x,t) + O(\varepsilon).$$

为了应用不动点原理, 选择空间 N 如下定义:

$$N = \left\{ p \,\middle|\, p \in C^1(\Omega), \ L_2[p] \in C^0(\Omega), \ p(x,0) = \frac{\partial p}{\partial t}(x,0) = 0 \right\},$$

其中 $L_2[p] = \dfrac{\partial^2 p}{\partial t^2} - c^2(x,t)\dfrac{\partial^2 p}{\partial x^2}$.

设 Banach 空间 B 为

$$B = \left\{ q \,\middle|\, q \in C^0(\Omega) \right\},$$

并具有范数 $\|q\| = \max\limits_{\Omega} |q(x,t)|$.

现在可知, (5.3.33) 的左边是如下定义的一个从空间 N 到空间 B 的非线性映射:

$$
\begin{aligned}
F[p] = {}& \varepsilon\left[\frac{\partial^2 p}{\partial t^2} - c^2(x,t)\frac{\partial^2 p}{\partial x^2}\right] + a(x,t,\tilde{u}_1+p)\frac{\partial p}{\partial x} + b(x,t,\tilde{u}_1+p)\frac{\partial p}{\partial t} \\
& + [a(x,t,\tilde{u}_1+p) - a(x,t,\tilde{u}_1)]\frac{\partial \tilde{u}_1}{\partial x} + [b(x,t,\tilde{u}_1+p) - b(x,t,\tilde{u}_1)]\frac{\partial \tilde{u}_1}{\partial t} \\
& + [d(x,t,\tilde{u}_1+p) - d(x,t,\tilde{u}_1)],
\end{aligned}
$$

其中 $\tilde{u}_1(x,t)$ 为一个已知的函数. 因此有 $F[0] = 0$. 在 $p = 0$ 处, F 的线性化部分为

$$
\begin{aligned}
L[p] = {}& \varepsilon\left[\frac{\partial^2 p}{\partial t^2} - c^2(x,t)\frac{\partial^2 p}{\partial x^2}\right] + a(x,t,\tilde{u}_1)\frac{\partial p}{\partial x} + b(x,t,\tilde{u}_1)\frac{\partial p}{\partial t} \\
& + \left[\frac{\partial a}{\partial u}(x,t,\tilde{u}_1)\frac{\partial \tilde{u}_1}{\partial x} + \frac{\partial b}{\partial u}(x,t,\tilde{u}_1)\frac{\partial \tilde{u}_1}{\partial t} + \frac{\partial d}{\partial u}(x,t,\tilde{u}_1)\right] p,
\end{aligned}
$$

因此,

$$
\begin{aligned}
\Psi[p] = {}& F[p] - L[p] \\
= {}& [a(x,t,\tilde{u}_1+p) - a(x,t,\tilde{u}_1)]\frac{\partial p}{\partial x} + [b(x,t,\tilde{u}_1+p) - b(x,t,\tilde{u}_1)]\frac{\partial p}{\partial t} \\
& + \left[a(x,t,\tilde{u}_1+p) - a(x,t,\tilde{u}_1) - p\frac{\partial a}{\partial u}(x,t,\tilde{u}_1)\right]\frac{\partial \tilde{u}_1}{\partial x} \\
& + \left[b(x,t,\tilde{u}_1+p) - b(x,t,\tilde{u}_1) - p\frac{\partial b}{\partial u}(x,t,\tilde{u}_1)\right]\frac{\partial \tilde{u}_1}{\partial t} \\
& + \left[d(x,t,\tilde{u}_1+p) - d(x,t,\tilde{u}_1) - p\frac{\partial d}{\partial u}(x,t,\tilde{u}_1)\right].
\end{aligned}
$$

根据文献 [5] 中第 9 章定理 1(在常系数的情形下, 可类比 5.3.1 小节相应的估计式) 可知, $L[p] = q$ 且 $p(x,0) = \dfrac{\partial p}{\partial t}(x,0) = 0$ 以及

$$|p(x,t)| < \sqrt{C(\Omega)K(\Omega)}\,\varepsilon^{-1/4},$$

$$\left|\frac{\partial p}{\partial x}\right| < \sqrt{C(\Omega)K(\Omega)}\varepsilon^{-1},$$

$$\left|\frac{\partial p}{\partial t}\right| < \sqrt{C(\Omega)K(\Omega)}\varepsilon^{-1}.$$

由 (5.3.20) 知, 当 $K(\Omega) \leqslant 3\max\limits_{\Omega}|q|^2$ 时, $C(\Omega)$ 依赖于任意闭梯形区域 $\Omega \subset R^2(x,t)$ 上算子 L 的系数以及它们的导数. 上面三个估计式给出了空间 N 中的范数如下:

$$\|p\| = \max_{\Omega}|p(x,t)| + \varepsilon^{3/4}\left[\max_{\Omega}\left|\frac{\partial p}{\partial x}(x,t)\right| + \max_{\Omega}\left|\frac{\partial p}{\partial t}(x,t)\right|\right], \tag{5.3.34}$$

于是

$$\|L^{-1}[q]\| \leqslant l^{-1}\|q\|,$$

其中 $l^{-1} = C_1\varepsilon^{-1/4}$, C_1 为不依赖 ε 的某一常数. 于是验证了不动点原理 (见引理 2.3.1) 中的假设条件 (1).

下面验证不动点原理 (见引理 2.3.1) 中的假设条件 (2). 因为

$$\begin{aligned}
\|\Psi[p_2] - \Psi[p_1]\| = \max_{\Omega}\bigg| &[a(x,t,\tilde{u}_1+p_2) - a(x,t,\tilde{u}_1+p_1)]\frac{\partial p_2}{\partial x} \\
&+ [b(x,t,\tilde{u}_1+p_2) - b(x,t,\tilde{u}_1+p_1)]\frac{\partial p_2}{\partial t} \\
&+ [a(x,t,\tilde{u}_1+p_1) - a(x,t,\tilde{u}_1)]\left(\frac{\partial p_2}{\partial x} - \frac{\partial p_1}{\partial x}\right) \\
&+ [b(x,t,\tilde{u}_1+p_1) - b(x,t,\tilde{u}_1)]\left(\frac{\partial p_2}{\partial t} - \frac{\partial p_1}{\partial t}\right) \\
&+ \frac{\partial \tilde{u}_1}{\partial x}\int_{p_1}^{p_2}\left[\frac{\partial a}{\partial u}(x,t,\tilde{u}_1+\lambda) - \frac{\partial a}{\partial u}(x,t,\tilde{u}_1)\right]\mathrm{d}\lambda \\
&+ \frac{\partial \tilde{u}_1}{\partial t}\int_{p_1}^{p_2}\left[\frac{\partial b}{\partial u}(x,t,\tilde{u}_1+\lambda) - \frac{\partial b}{\partial u}(x,t,\tilde{u}_1)\right]\mathrm{d}\lambda \\
&+ \int_{p_1}^{p_2}\left[\frac{\partial d}{\partial u}(x,t,\tilde{u}_1+\lambda) - \frac{\partial d}{\partial u}(x,t,\tilde{u}_1)\right]\mathrm{d}\lambda\bigg|,
\end{aligned}$$

由系数 a, b, d 的正则性和空间 N 中的范数定义 (5.3.34), 利用微分中值定理可得

$$\|\Psi[p_2] - \Psi[p_1]\| < C_2\frac{\rho}{\varepsilon^{3/4}}\|p_2 - p_1\|, \quad \forall p_1,\ p_2 \in \Omega_N(\rho),$$

其中 C_2 为不依赖于 ε 的常数, $\Omega_N(\rho)$ 是空间 N 中半径为 ρ 的球. 因此, 函数

$$m(\rho) = C_2\frac{\rho}{\varepsilon^{3/4}}$$

随 $\rho \to 0$ 单调递减并且 $\lim\limits_{\rho\to 0}m(\rho) = 0$.

最后, 应用不动点原理得到 $F[R] = f$ 且

$$\|R\| \leqslant 2l^{-1} \|f\| \leqslant \rho_0, \tag{5.3.35}$$

其中

$$l = O(\varepsilon^{1/4}), \quad \rho_0 = \sup_{\rho \geqslant 0} \left\{ \rho \Big| m(\rho) \leqslant \frac{1}{2} l \right\} = \frac{1}{2} \frac{\varepsilon}{C_1 C_2}.$$

当 $\|f\| < O(\varepsilon^{5/4})$ 时, 由于式 (5.3.33) 的右边是 $O(\varepsilon^2)$ 的, 由 (5.3.35) 得

$$\|R\| = O(\varepsilon^{7/4}). \tag{5.3.36}$$

由此可得初值问题解的如下形式的渐近解:

$$u(x,t) = w_0(x,t) + \varepsilon v_0\left(x, \frac{t}{\varepsilon}\right) - \varepsilon v_0(x,0) + R_0(x,t).$$

又因为此时有

$$F[R_0] = f = O(\varepsilon) > O(\varepsilon^{5/4}),$$

但由 (5.3.32), (5.3.36) 得

$$\left\| u(x,t) - w_0(x,t) - \varepsilon w_1(x,t) - \varepsilon v_0\left(x, \frac{t}{\varepsilon}\right) - \varepsilon^2 v_1\left(x, \frac{t}{\varepsilon}\right) + \varepsilon^2 v_1(x,0) \right\| = O(\varepsilon^{7/4})$$

在任意闭区域 Ω 内一致成立. 由于 w_0, w_1, v_0, v_1 和它们关于 x 的偏导数, 以及 $\dfrac{\partial w_0}{\partial t}$, $\dfrac{\partial w_1}{\partial t}$ 都是 $O(1)$ 的, 进一步有 $\dfrac{\partial v_0}{\partial t}$, $\dfrac{\partial v_1}{\partial t}$ 都是 $O(\varepsilon^{-1})$ 的, 故根据空间 N 中范数的定义 (5.3.34) 得

$$u(x,t) - w_0(x,t) = O(\varepsilon),$$

$$\frac{\partial u}{\partial x}(x,t) - \frac{\partial w_0}{\partial x}(x,t) = O(\varepsilon),$$

$$\frac{\partial u}{\partial t}(x,t) - \frac{\partial w_0}{\partial t}(x,t) - \varepsilon \frac{\partial v_0}{\partial t}\left(x, \frac{t}{\varepsilon}\right) = O(\varepsilon)$$

在 Ω 内一致成立.

5.4 偏微分方程的内层解

5.4.1 二阶方程初值问题的激波解

首先研究一个二阶线性初值问题[32]

$$\frac{\partial u}{\partial t} + \frac{\partial u}{\partial x} = \varepsilon \frac{\partial^2 u}{\partial x^2}, \quad -\infty < x < +\infty, \ t \geqslant 0, \tag{5.4.1}$$

$$u(x, 0) = u_0(x). \tag{5.4.2}$$

上述问题的退化方程的解以单位速度向右 (x 增长的方向) 传播并且振幅保持不变. 初始条件的突变使波的传播具有冲击性 (激波). 考虑一个非常简单的情况. 当

$$u_0 = \begin{cases} -1, & x < 0, \\ 1, & x > 0 \end{cases}$$

时, 问题 (5.4.1), (5.4.2) 的一阶外部解 f_0 为

$$f_0 = \begin{cases} -1, & x < t, \\ 1, & x > t, \end{cases} \quad t \geqslant 0.$$

作变换 $y = x - t$, 使间断点出现在固定点 $y = 0$ 处. 引入内层坐标 $\tilde{y}$,

$$\tilde{y} = \frac{x - t}{\sqrt{\varepsilon}},$$

由

$$\frac{\partial g_0}{\partial t} = \frac{\partial^2 g_0}{\partial \tilde{y}^2}$$

可得到问题的内层解 $g_0(\tilde{y})$, 再通过匹配条件

$$g_0(-\infty) = -1, \quad g_0(+\infty) = 1$$

可得到

$$g_0 = \mathrm{erf}\frac{\tilde{y}}{\sqrt{4t}} = \mathrm{erf}\frac{x - t}{\sqrt{4\varepsilon t}}.$$

这正是方程 (5.4.1), (5.4.2) 的精确解. 但在本例中感兴趣的是上例中所使用的得到解的匹配渐近方法.

现在进一步研究二阶拟线性方程初值问题[32,33]

$$\frac{\partial u}{\partial t} + u\frac{\partial u}{\partial x} = \varepsilon\frac{\partial^2 u}{\partial x^2}, \tag{5.4.3}$$

初始条件仍为 (5.4.2). 方程 (5.4.3) 是 Burgers 提出的一个激波模型, 通常称为 Burgers 方程.

若 u 满足 (5.4.3), 则作关于 u 和 v 的变换

$$u = -2\varepsilon\frac{1}{v}\frac{\partial v}{\partial x},$$

则有

$$\frac{\partial v}{\partial t} = \varepsilon\frac{\partial^2 v}{\partial x^2}.$$

由此便可决定 v, 从而决定了 u.

另一方面, 对原方程作变换

$$t \to s = t,$$

$$x \to y = x - X(t),$$

u 相应为

$$u \to v = u - V(t), \quad V(t) = X'(t),$$

于是方程 (5.4.3) 变成 (仍把 s 记作 t)

$$\frac{\partial v}{\partial t} + V'(t) + v\frac{\partial v}{\partial y} = \varepsilon\frac{\partial^2 v}{\partial y^2}. \tag{5.4.4}$$

上述坐标变换使激波在 $y = 0$ 时发生, 函数 $X(t)$ 以及激波速度 $V(t)$ 仍是未知的. 为了求出外部解, 对 (5.4.4) 从 $y_1 < 0$ 到 $y_2 > 0$ 积分可得

$$\frac{\partial}{\partial t}2\int_{y_1}^{y_2}v\mathrm{d}y + 2\int_{y_1}^{y_2}V'(t)\mathrm{d}y = v^2(y_1) - v^2(y_2) + \varepsilon\left[\frac{\partial v}{\partial y}(y_2) - \frac{\partial v}{\partial y}(y_1)\right].$$

若记当 y_1 递增趋于 0 时 $v(y)$ 的极限为 v_1, 当 y_2 递减趋于 0 时 $v(y)$ 的极限为 v_2, 则当 $\varepsilon \to 0$ 时有 $v_1^2 = v_2^2$. 因此, 可以推出沿 y 递增的方向穿越激波, 速度一定递减, 这样得到突变的条件为

$$v_2 = -v_1$$

或

$$u_2 - V(t) = -(u_1 - V(t)),$$

于是激波的速度为

$$V(t) = \frac{u_1 + u_2}{2}.$$

记 $u_0(x_1) = u_1$, $u_0(x_2) = u_2$, 其中 $x_1 < x_2$ 且 $u_1 > u_2$. 来自 $x = x_1$ 和 $x = x_2$ 的子特征值交于 xt 平面上, 这个点就是 $X(t)$. 假设在点 $(X(t), t)$ 处的速度从 u_1 突变地降到 u_2, 位置函数 $X(t)$ 关于时间的导数就是激波速度 $V(t)$.

在 (5.4.4) 两边乘以 ε, 引入内层坐标变换

$$\tilde{y} = \frac{y}{\varepsilon} = \frac{x - X(t)}{\varepsilon}.$$

代入 (5.4.4) 得到内层解 $g_0(\tilde{y})$, 由方程

$$g_0\frac{\mathrm{d}g_0}{\mathrm{d}\tilde{y}} = \frac{\mathrm{d}^2 g_0}{\mathrm{d}\tilde{y}^2}$$

求得 $v = u - V(t)$ 内展开式的项, 再由匹配条件

$$g_0(-\infty) = v_1, \quad g_0(+\infty) = -v_1,$$

其中 v_1 为外部解 v 的初值, 于是得

$$g_0 = -v_1 \tanh \frac{v_1}{2}\tilde{y}.$$

Esham 在文献 [33] 中也有关于 Burgers 方程

$$\frac{\partial u}{\partial t} + u\frac{\partial u}{\partial x} = \beta\frac{\partial^2 u}{\partial x^2}, \quad \beta > 0$$

的讨论, 他主要是研究具有摄动小项 εu_{tt} 所产生的影响,

$$\varepsilon^2\frac{\partial^2 u}{\partial t^2} + \frac{\partial u}{\partial t} - \beta\frac{\partial^2 u}{\partial x^2} + u\frac{\partial u}{\partial x} = f(x,t), \quad -1 < x < 1,\, 0 < t < T,$$

$$u(0,t) = u(1,t) = 0, \quad 0 \leqslant t \leqslant T,$$

$$u(x,0) = g(x), \quad \varepsilon\frac{\partial u}{\partial t} = h(x), \quad 0 \leqslant x \leqslant 1.$$

当 $\varepsilon \to 0$ 时的极限给出了一个从双曲型微分方程到抛物型微分方程的转变.

Lax 和 Levermore 在文献 [34] 中考虑了如下奇异摄动问题, 即在迁移方程中增加一个弥散项:

$$\frac{\partial u}{\partial t} + u\frac{\partial u}{\partial x} = \varepsilon\frac{\partial^3 u}{\partial x^3}, \quad -\infty < x < +\infty,\, t > 0,$$

$$u(x,0) = u_0(x), \quad -\infty < x < +\infty.$$

这就是著名的 KdV(Korteweg-de Vries) 方程.

5.4.2   具有转向点的椭圆型边值问题

1. 转向点的曲线

考虑如下椭圆型方程[5]:

$$\varepsilon\left(\frac{\partial^2 u_\varepsilon}{\partial x^2} + \frac{\partial^2 u_\varepsilon}{\partial y^2}\right) + f(x,y)\frac{\partial u_\varepsilon}{\partial y} + g(x,y)u_\varepsilon = 0, \quad (x,y) \in \Omega,$$

其中 Ω 为有界区域, 在其边界 $\partial\Omega$ 上有两点 $A(x_1, y_1)$ 和 $B(x_2, y_2)$, 这两个点把 $\partial\Omega$ 分为下半部分 $\partial\Omega_-: y = \gamma_-(x)$ 和上半部分 $\partial\Omega_+: y = \gamma_+(x)$. 对应的边界值为

$$u_\varepsilon(x,y) = \varphi_+(x)\text{沿上半边界} y = \gamma_+(x)\ (x_1 \leqslant x \leqslant x_2),$$

$$u_\varepsilon(x,y) = \varphi_-(x)\text{沿下半边界} y = \gamma_-(x)\ (x_1 \leqslant x \leqslant x_2).$$

假设

$$f(x,y) \begin{cases} \equiv 0, & \text{沿曲线 } l \subset \Omega, \\ \neq 0, & \text{其他}, \end{cases}$$

并且设 f, g, φ_+ 和 φ_- 都是充分光滑的.

为了研究转向点, 用 $\overline{\Omega}$ 内的常数符号函数 $h(x,y)$ 作如下限制:

$$f(x,y) = [y - l(x)]h(x,y),$$

曲线 $y = l(x)$ 是转向点曲线组成部分. 最后假设这条曲线穿过端点 A 和 B, 由线性常微分方程转向点讨论的启发[5], 期望 $u_\varepsilon(x,y)$ 取决于 $h(x,y)$ 的符号和下列函数的值:

$$\frac{\beta(x)}{2} = -\frac{g(x,l(x))}{h(x,l(x))}.$$

(1) 类似于文献 [5] 第 7 章中定理 3 的结果, 当 $h(x,y) < 0$, $(x,y) \in \overline{\Omega}$ 且 $\frac{\beta(x)}{2} \neq 0,1,2,\cdots$ 时, 在 Ω 内对任意的 ε, $u_\varepsilon(x,y)$ 趋于零, 并且沿着 Ω 的上、下边界, 边界层函数趋于 $u_\varepsilon(x,y)$;

(2) 类似于文献 [5] 第 7 章中定理 5 的结果, 当 $h(x,y) > 0$, $(x,y) \in \overline{\Omega}$ 且 $\frac{\beta(x)}{2} \neq -1,-2,\cdots$ 时,

$$u_\varepsilon(x,y) = \varphi_-(x) \exp\left(-\int_{\gamma_-(x)}^{y} \frac{g(x,\eta)}{f(x,\eta)}\mathrm{d}\eta\right), \quad \gamma_-(x) \leqslant y \leqslant l(x) - \delta, \qquad (5.4.5)$$

$$u_\varepsilon(x,y) = \varphi_+(x) \exp\left(-\int_{\gamma_+(x)}^{y} \frac{g(x,\eta)}{f(x,\eta)}\mathrm{d}\eta\right), \quad l(x) + \delta \leqslant y \leqslant \gamma_+(x), \qquad (5.4.6)$$

其中 δ 为不依赖于 ε 的任意正常数.

在曲线 $y = l(x)$ 的邻域内存在一个自由边界层校正 (5.4.5), (5.4.6).

2. 孤立转向点: 结点

考虑如下边值问题[5]:

$$L_\varepsilon[u_\varepsilon] = \varepsilon\left(\frac{\partial^2 u_\varepsilon}{\partial x^2} + \frac{\partial^2 u_\varepsilon}{\partial y^2}\right) \pm \left(x\frac{\partial u_\varepsilon}{\partial x} + y\frac{\partial u_\varepsilon}{\partial y}\right) = 0, \quad 0 \leqslant x^2 + y^2 < 1,$$

$$u_\varepsilon(x,y) = f(\varphi), \quad x^2 + y^2 = 1,$$

其中 $\varphi(0 \leqslant \varphi < 2\pi)$ 为极角. 作极坐标变换, 上述问题转化为

$$L_\varepsilon[u_\varepsilon] = \varepsilon\left(\frac{\partial^2 u_\varepsilon}{\partial r^2} + \frac{1}{r}\frac{\partial u_\varepsilon}{\partial r} + \frac{1}{r^2}\frac{\partial^2 u_\varepsilon}{\partial \varphi^2}\right) \pm r\frac{\partial u_\varepsilon}{\partial r} = 0, \quad 0 \leqslant r < 1, \ 0 \leqslant \varphi < 2\pi,$$

$$u_\varepsilon(1, \varphi) = f(\varphi),$$

并假设 $f(\varphi) \in C^2[0, 2\pi]$.

显然, 原点是一个孤立转向点, 并且对方程中分别取正负号的情形有如下结果:

(1) 吸引结点 (取 "$+$" 号). 由 r 的伸展坐标

$$\rho = \frac{1 - r}{\varepsilon}$$

得到一阶近似方程

$$\frac{1}{\varepsilon} \left(\frac{\partial^2 u_\varepsilon}{\partial \rho^2} - \frac{\partial u_\varepsilon}{\partial \rho} \right) = 0, \quad u_\varepsilon(0, \varphi) = f(\varphi).$$

根据极值原理, 对所有 $\varepsilon > 0$, $u_\varepsilon(r, \varphi)$ 一致有界, 从而得到一阶近似解

$$u_\varepsilon(r, \varphi) \approx f(\varphi), \quad 0 < r \leqslant 1.$$

由文献 [35] 可得

$$u_\varepsilon(r, \varphi) = f(\varphi) + O(\varepsilon r^{-2}). \tag{5.4.7}$$

其实, 利用极值原理和一个合适的闸函数也很容易得到 (5.4.7). 事实上有

$$L_\varepsilon[r^{-2}] = -2r^{-2}(1 - 2\varepsilon r^{-2}) \leqslant -r^{-2}, \quad r \geqslant 2\sqrt{\varepsilon}. \tag{5.4.8}$$

选取函数

$$\Psi(r) = \varepsilon \lambda r^{-2} \tag{5.4.9}$$

为误差 $u_\varepsilon(r, \varphi) - f(\varphi)$ 在圆环 $2\sqrt{\varepsilon} \leqslant r \leqslant 1$ 中的闸函数. 令

$$\lambda \geqslant \max \left\{ 4 \max_{\substack{0 \leqslant r \leqslant 1 \\ 0 \leqslant \varphi \leqslant 2\pi}} |u_\varepsilon(r, \varphi) - f(\varphi)|, \ \max_{0 \leqslant \varphi \leqslant 2\pi} |f''(\varphi)| \right\}.$$

由 (5.4.8) 可得

$$|L_\varepsilon[u_\varepsilon(r, \varphi) - f(\varphi)]| = \left| \frac{\varepsilon}{r^2} f''(\varphi) \right| < \lambda \varepsilon r^{-2} \leqslant L_\varepsilon[-\Psi], \quad 2\sqrt{\varepsilon} < r < 1$$

和

$$|u_\varepsilon(r, \varphi) - f(\varphi)| < \lambda \varepsilon r^{-2}, \quad r = 1, \ r = 2\sqrt{\varepsilon}.$$

因此, (5.4.9) 的确是 $u_\varepsilon(r, \varphi) - f(\varphi)$ 的一个闸函数, 并且 (5.4.7) 成立.

(2) 排斥结点 (取 "$-$" 号). 退化方程的解

$$w = u_\varepsilon(0, 0) = \frac{1}{2\pi} \int_0^{2\pi} f(\varphi) \mathrm{d}\varphi = \bar{f}.$$

在圆盘 $r \leqslant 1 - \delta$(其中 δ 不依赖于 ε) 中逼近解 $u_\varepsilon(r,\varphi)$, 边界层校正项是边值问题

$$\frac{\partial^2 v}{\partial \rho^2} + \frac{\partial v}{\partial \rho} = 0,$$

$$v(0,\varphi) = f(\varphi) - \bar{f}, \quad \lim_{\rho \to \infty} v(\rho,\varphi) = 0$$

解的一阶近似.

于是得出结果

$$u_\varepsilon(r,\varphi) \approx \bar{f} + \left[f(\varphi) - \bar{f} \right] \exp\left(-\frac{1-r}{\varepsilon} \right).$$

3. 孤立转向点: 鞍点

考虑如下边值问题[5]:

$$L_\varepsilon[u_\varepsilon] = \varepsilon \left(\frac{\partial^2 u_\varepsilon}{\partial x^2} + \frac{\partial^2 u_\varepsilon}{\partial y^2} \right) + x \frac{\partial u_\varepsilon}{\partial x} - y \frac{\partial u_\varepsilon}{\partial y} = 0, \quad -1 < x < 1, \ -1 < y < 1, \quad (5.4.10)$$

$$u_\varepsilon(x,\pm 1) = f_\pm(x), \ -1 \leqslant x \leqslant 1, \quad u_\varepsilon(\pm 1, y) = g_\pm(y), \ -1 \leqslant y \leqslant 1,$$

其中

$$f_+(\pm 1) = g_\pm(+1), \quad f_-(\pm 1) = g_\pm(-1).$$

假设 $f_\pm(x)$ 和 $g_\pm(y)$ 至少二阶连续可导. 为了得到一阶近似解, 考虑退化方程

$$x \frac{\partial w}{\partial x} - y \frac{\partial w}{\partial y} = 0, \quad (5.4.11)$$

其特征值沿双曲线 $xy = $ 常数, 解 $w(x,y)$ 是常数, 通过伸展坐标可使 $w(x,y)$ 满足部分边界条件.

由 x 的伸展坐标

$$\xi_\pm = \frac{1 \mp x}{\varepsilon}$$

给出一阶近似

$$\varepsilon^{-1} \left(\frac{\partial^2 u_\varepsilon}{\partial \xi_\pm^2} - \frac{\partial u_\varepsilon}{\partial \xi_\pm} \right) = 0,$$

并且边界层没有显示沿 $x = \pm 1$. 方程 (5.4.11) 附加边界条件

$$w(\pm 1, y) = g_\pm(y). \quad (5.4.12)$$

由 y 的伸展坐标为

$$\eta_\pm = \frac{1 \mp y}{\varepsilon}$$

给出一阶近似

$$\varepsilon^{-1}\left(\frac{\partial^2 u_\varepsilon}{\partial \eta_\pm^2} + \frac{\partial u_\varepsilon}{\partial \eta_\pm}\right) = 0,$$

并且沿水平边界 $y = \pm 1$, 边界层函数能校正退化方程的解 $w(x, y)$.

因为沿垂直边界的边界值彼此独立, 所以退化方程的解穿越 y 轴时不连续, 一般有 $g_+(0) \neq g_-(0)$, 可以通过构造自由层来消除这个不连续.

首先, 具有边界条件 (5.4.12) 的退化方程 (5.4.11) 的解为

$$w(x, y) = \begin{cases} g_+(xy), & x > 0, \\ g_-(xy), & x < 0. \end{cases}$$

由于 x 的伸展坐标

$$\zeta = \frac{x}{\sqrt{\varepsilon}}$$

使这个解穿越水平轴 $x = 0$ 时连续, 这样得到 $u_\varepsilon(x, y)$ 的一阶近似

$$\tilde{w}(x, y) = \frac{g_+(xy) + g_-(xy)}{2} + \frac{g_+(xy) - g_-(xy)}{2}\mathrm{erf}\left(\frac{x}{\sqrt{\varepsilon}}\right), \tag{5.4.13}$$

其中

$$\mathrm{erf}(t) = \frac{2}{\sqrt{\pi}}\int_0^t \mathrm{e}^{-\tau^2}\mathrm{d}\tau.$$

自由层以外 $\tilde{w}(x, y) \approx w(x, y)$, 并且 $\tilde{w}$ 和它的导数在穿越 y 轴时都是连续的, 并注意到 $\mathrm{erf}\left(\frac{x}{\sqrt{2\varepsilon}}\right)$ 满足方程 (5.4.10), 经过简单计算可得

$$L_\varepsilon[\tilde{w}] = O(\sqrt{\varepsilon}).$$

因此, $\tilde{w}(x, y)$ 满足方程 (5.4.10) 的估计式为 $O(\sqrt{\varepsilon})$ 阶, 并且沿垂直边界的边界条件的估计式为 $O(\varepsilon^N)$ 阶, 其中 N 为任意大的数.

为了得到 u_ε 的形式渐近解, 需要校正沿水平边界的边界层, 以满足相应的边界条件.

方程

$$\frac{\partial^2 v_\pm^0}{\partial \eta_\pm^2} + \frac{\partial v_\pm^0}{\partial \eta_\pm} = 0, \quad 0 < \eta < \infty,$$

$$v_\pm^0(x, 0) = f_\pm(x) - \tilde{w}(x, \pm 1), \quad \lim_{\eta_\pm \to \infty} v_\pm^0(x, \eta) = 0$$

的解为

$$v_\pm^0(x, \eta_\pm) = v_\pm^0\left(x, \frac{1 \mp y}{\varepsilon}\right) = [f_\pm(x) - \tilde{w}(x, \pm 1)]\exp\left(-\frac{1 \mp y}{\varepsilon}\right), \tag{5.4.14}$$

证明参见文献 [35]. 综上即得

$$u_\varepsilon(x,y) = \tilde{w}(x,y) + v_+^0\left(x, \frac{1-y}{\varepsilon}\right) + v_-^0\left(x, \frac{1+y}{\varepsilon}\right) + O(\sqrt{\varepsilon}),$$

其中 $\tilde{w}$ 和 $v_\pm^0$ 分别由 (5.4.13) 和 (5.4.14) 给出, 这个近似解在自由层和边界层的交叉点 $(0, \pm 1)$ 的邻域外一致成立.

第6章 应　　用

　　奇异摄动微分方程解的边界层、初始层、内层解在实际问题中有着广泛的应用. 在本章中, 列举了在激波、生态环境、催化、反应扩散、大气物理、激光脉冲放大的一些应用, 得到了相应问题的近似解及其渐近性态.

6.1　激波问题

　　考虑如下二阶非线性方程边值问题的模型[36]:

$$\varepsilon y'' + yy' = g(x)f(y), \quad x \in (0,1), \tag{6.1.1}$$

$$y(0) - \varepsilon a y'(0) = \alpha, \tag{6.1.2}$$

$$y(1) + \varepsilon b y'(1) = \beta, \tag{6.1.3}$$

其中 ε 为正的小参数, α, β, $a > 0$, $b > 0$ 为常数, $\dfrac{s}{f(s)} > 0$, $g > 0$ 为连续可积的函数. 这类非线性问题的激波解在许多物理问题中经常讨论. 下面来研究本模型可能产生的激波所处的位置及其激波解的渐近表达式.

　　方程 (6.1.1) 的退化方程为

$$yy' = g(x)f(y),$$

其解 y_0 满足

$$\int^x g(\xi)\mathrm{d}\xi = \int^{y_0} \frac{s}{f(s)}\mathrm{d}s. \tag{6.1.4}$$

　　设问题 (6.1.1)~(6.1.3) 的左、右段外部解 y_l, y_r 分别为

$$y_l = \sum_{i=0}^{\infty} y_{li}\varepsilon^i, \quad y_r = \sum_{i=0}^{\infty} y_{ri}\varepsilon^i. \tag{6.1.5}$$

将 (6.1.5) 代入方程 (6.1.1), 考虑到边界条件 (6.1.2), (6.1.3), 由 (6.1.4) 知, 问题 (6.1.1)~(6.1.3) 的零阶近似的左、右段外部解 y_{l0}, y_{r0} 分别为

$$\int_0^x g(\xi)\mathrm{d}\xi = \int_\alpha^{y_{l0}} \frac{s}{f(s)}\mathrm{d}s \tag{6.1.6}$$

和

$$\int_1^x g(\xi)\mathrm{d}\xi = \int_\beta^{y_{r0}} \frac{s}{f(s)}\mathrm{d}s, \tag{6.1.7}$$

其中 $y_{10}(x)$ 满足边界条件 $y_{10}(0) = \alpha$, 而 $y_{r0}(x)$ 满足边界条件 $y_{r0}(1) = \beta$.

由 (6.1.6), (6.1.7), 问题 (6.1.1)~(6.1.3) 的左、右段外部解关于 ε 的一次分量 y_{11}, y_{r1} 满足

$$y_{10}y'_{11} + [y'_{10} - g(x)f_y(y_{10})]\,y_{11} = -y''_{10}, \tag{6.1.8}$$

$$y_{11}(0) = ay'_{10}(0), \tag{6.1.9}$$

$$y_{r0}y'_{r1} + [y'_{r0} - g(x)f_y(y_{r0})]\,y_{r1} = -y''_{r0}, \tag{6.1.10}$$

$$y_{r1}(1) = -by'_{r0}(1). \tag{6.1.11}$$

不难得到, (6.1.8), (6.1.9) 和 (6.1.10), (6.1.11) 的解分别为

$$\begin{aligned}
y_{11} = &\left[\exp\left(\int_0^x \frac{-y'_{10}(\xi) + g(\xi)f_y(y_{10}(\xi))}{y_{10}(\xi)}\mathrm{d}\xi\right)\right]\left\{\int_0^x \left[-\frac{y''_{10}(\xi)}{y_{10}(\xi)}\right.\right.\\
&\left.\left.\times \exp\left(\int_0^\xi \frac{y'_{10}(\eta) - g(\eta)f_y(y_{10}(\eta))}{y_{10}(\eta)}\mathrm{d}\eta\right)\right]\mathrm{d}\xi + ay'_{10}(0)\right\},
\end{aligned} \tag{6.1.12}$$

$$\begin{aligned}
y_{r1} = &\left[\exp\left(\int_x^1 \frac{-y'_{r0}(\xi) + g(\xi)f_y(y_{r0}(\xi))}{y_{r0}(\xi)}\mathrm{d}\xi\right)\right]\left\{\int_x^1 \left[-\frac{y''_{r0}(\xi)}{y_{r0}(\xi)}\right.\right.\\
&\left.\left.\times \exp\left(\int_\xi^1 \frac{y'_{r0}(\eta) - g(\eta)f_y(y_{r0}(\eta))}{y_{r0}(\eta)}\mathrm{d}\eta\right)\right]\mathrm{d}\xi - by'_{r0}(0)\right\}.
\end{aligned} \tag{6.1.13}$$

于是由 (6.1.5), (6.1.12), (6.1.13), 便得到问题 (6.1.1)~(6.1.3) 的一阶近似的左、右段外部解

$$\begin{aligned}
y_1 = &y_{10} + \varepsilon\left[\exp\left(\int_0^x \frac{-y'_{10}(\xi) + g(\xi)f_y(y_{10}(\xi))}{y_{10}(\xi)}\mathrm{d}\xi\right)\right]\left\{\int_0^x \left[-\frac{y''_{10}(\xi)}{y_{10}(\xi)}\right.\right.\\
&\left.\left.\times \exp\left(\int_0^\xi \frac{y'_{10}(\eta) - g(\eta)f_y(y_{10}(\eta))}{y_{10}(\eta)}\mathrm{d}\eta\right)\right]\mathrm{d}\xi + ay'_{10}(0)\right\} + O(\varepsilon^2),
\end{aligned} \tag{6.1.14}$$

$$\begin{aligned}
y_r = &y_{r0} + \varepsilon\left[\exp\left(\int_x^1 \frac{-y'_{r0}(\xi) + g(\xi)f_y(y_{r0}(\xi))}{y_{r0}(\xi)}\mathrm{d}\xi\right)\right]\left\{\int_x^1 \left[-\frac{y''_{r0}(\xi)}{y_{r0}(\xi)}\right.\right.\\
&\left.\left.\times \exp\left(\int_\xi^1 \frac{y'_{r0}(\eta) - g(\eta)f_y(y_{r0}(\eta))}{y_{r0}(\eta)}\mathrm{d}\eta\right)\right]\mathrm{d}\xi - by'_{r0}(0)\right\} + O(\varepsilon^2).
\end{aligned} \tag{6.1.15}$$

下面来构造问题 (6.1.1)~(6.1.3) 的内层解. 设 x^* 为问题 (6.1.1)~(6.1.3) 的激波位置. 首先, 在 $x = x^*$ 附近, 引入伸长变量变换

$$\xi = \frac{x - x^*}{\varepsilon^\nu}, \tag{6.1.16}$$

其中 ν 为正常数. 设原问题的内层解为 Y, 将 (6.1.16) 代入方程 (6.1.1) 有

$$\frac{\mathrm{d}^2 Y}{\mathrm{d}\xi^2} + \varepsilon^{\nu-1} Y \frac{\mathrm{d}Y}{\mathrm{d}\xi} - \varepsilon^{2\nu-1} g(x^* + \varepsilon^\nu \xi) f(Y) = 0. \tag{6.1.17}$$

由 (6.1.17) 不难看出, 当 $\nu = 1$ 时, 可能有内层解, 设内层解 Y 为

$$Y = \sum_{i=0}^{\infty} Y_i \varepsilon^i. \tag{6.1.18}$$

将 $\nu = 1$ 和 (6.1.16), (6.1.18) 代入方程 (6.1.17), 按 ε 展开非线性项, 合并 ε 的同次幂项, 于是由 $\varepsilon^0, \varepsilon^1$ 的系数可得 Y_0, Y_1 满足如下方程:

$$\frac{\mathrm{d}^2 Y_0}{\mathrm{d}\xi^2} + Y_0 \frac{\mathrm{d}Y_0}{\mathrm{d}\xi} = 0, \tag{6.1.19}$$

$$\frac{\mathrm{d}^2 Y_1}{\mathrm{d}\xi^2} + Y_0 \frac{\mathrm{d}Y_1}{\mathrm{d}\xi} + \frac{\mathrm{d}Y_0}{\mathrm{d}\xi} Y_1 = g(x^*) f(Y_0). \tag{6.1.20}$$

由 (6.1.19) 可得

$$\frac{\mathrm{d}Y_0}{\mathrm{d}\xi} = \frac{1}{2}(C_1 - Y_0^2), \tag{6.1.21}$$

其中 C_1 为任意常数. 显然, $C_1 = k^2 > 0$; 否则, $\lim\limits_{\xi \to \pm\infty} Y_0 = \mp\infty$, 这时 Y_0 不能和外部解匹配.

由 (6.1.21) 可得解 Y_0 为

$$Y_0 = k \tanh\left(\frac{1}{2}k(\xi + C_2)\right), \quad |Y_0| \leqslant k \tag{6.1.22}$$

或

$$Y_0 = k \coth\left(\frac{1}{2}k(\xi + C_2)\right), \quad |Y_0| \geqslant k, \tag{6.1.23}$$

其中 C_2 为任意常数. 因为双曲正切和双曲余切均为奇函数, 所以在 (6.1.22), (6.1.23) 中, 不妨设常数 k 为正, 即 $k > 0$.

由线性方程 (6.1.20) 可得

$$\frac{\mathrm{d}Y_1}{\mathrm{d}\xi} + Y_0 Y_1 = \int^\xi g(x^*) f(Y_0) \mathrm{d}\xi + C_3.$$

由此便得到 Y_1 为

$$Y_1 = \exp\left(\int_0^\xi [-Y_0(\eta)]\mathrm{d}\eta\right)$$

$$\times \left\{\int_0^\xi [g(x^*) f(Y_0(\eta)) + C_3] \exp\left(\int_0^\eta Y_0(\tau)\mathrm{d}\tau\right)\mathrm{d}\eta + C_4\right\}, \tag{6.1.24}$$

其中 Y_0 由 (6.1.22) 或 (6.1.23) 决定, C_3, C_4 为任意常数.

于是由 (6.1.14), (6.1.15), (6.1.24) 内层解的一阶近似为

$$
\begin{aligned}
Y_1 = {} & k\tanh\left(\frac{1}{2}k(\xi + C_2)\right) + \varepsilon\left\{\exp\left(\int_0^\xi\left[-k\tanh\left(\frac{1}{2}k(\xi + C_2)\right)\right]\mathrm{d}\eta\right)\right. \\
& \times \int_0^\xi\left[g(x^*)f\left(k\tanh\left(\frac{1}{2}k(\eta + C_2)\right)\right) + C_3\right] \\
& \left.\times \exp\left(\int_0^\eta k\tanh\left(\frac{1}{2}k(\tau + C_2)\right)\mathrm{d}\tau\right)\mathrm{d}\eta + C_4\right\} + O(\varepsilon^2), \quad 0 < \varepsilon \ll 1
\end{aligned}
$$

或

$$
\begin{aligned}
Y_1 = {} & k\coth\left(\frac{1}{2}k(\xi + C_2)\right) + \varepsilon\left\{\exp\left(\int_0^\xi\left[-k\coth\left(\frac{1}{2}k(\xi + C_2)\right)\right]\mathrm{d}\eta\right)\right. \\
& \times \int_0^\xi\left[g(x^*)f\left(k\coth\left(\frac{1}{2}k(\eta + C_2)\right)\right) + C_3\right] \\
& \left.\times \exp\left(\int_0^\eta k\coth\left(\frac{1}{2}k(\tau + C_2)\right)\mathrm{d}\tau\right)\mathrm{d}\eta + C_4\right\} + O(\varepsilon^2), \quad 0 < \varepsilon \ll 1,
\end{aligned}
$$

其中 k, C_2, C_3, C_4 为任意常数.

现在利用内层解和外部解的匹配原则[2,36], 先区分激波位置在左、右边界出现的两种可能性进行讨论.

假设激波位置在区间的左端, 即 $x^* = 0$. 由 (6.1.16), 这时伸长变量为 $\xi = \dfrac{x}{\varepsilon}$. 问题 (6.1.1)~(6.1.3) 的零次近似外部解只能是由右段 (6.1.7) 决定的 y_{r0}. 将零次近似外部解 y_{r0} 用内层变量 ξ 来表示, 并对小的 ε 展开得到外部解的内层极限 $(y_{r0})^{\mathrm{i}}$. 将零次近似内层解 Y_{10} 用外部变量 x 来表示, 并对小的 ε 展开得到内层解的外部极限 $(Y_{10})^{\mathrm{o}} = k$. 根据匹配原则 $(y_{r0})^{\mathrm{i}} = (Y_{10})^{\mathrm{o}}$ 有

$$
\int_1^0 g(\xi)\mathrm{d}\xi = \int_\beta^k \frac{s}{f(s)}\mathrm{d}s. \tag{6.1.25}
$$

由 f, g 的假设不难得知, (6.1.25) 存在一个根 $k = k_{10} > 0$. 再由 (6.1.22), (6.1.23) 得

$$
Y_{10} = k_{10}\tanh\left(\frac{1}{2}k_{10}(\xi + C_2)\right), \quad |Y_{10}| \leqslant k_{10} \tag{6.1.26}
$$

和

$$
Y_{10} = k_{10}\coth\left(\frac{1}{2}k_{10}(\xi + C_2)\right), \quad |Y_{10}| \geqslant k_{10}. \tag{6.1.27}
$$

考虑到边界条件 (6.1.2), 在 (6.1.26), (6.1.27) 中, 当 $x = 0$ 时, 用对应的 $\xi = 0$ 代入, 使得 $Y_{10}(0) + a\dfrac{\mathrm{d}Y_{10}}{\mathrm{d}\xi}(0) = \alpha$, 故

$$\alpha = k_{10}\left[\tanh\left(\frac{k_{10}}{2}C_2\right) + \frac{a}{2}\mathrm{sech}^2\left(\frac{k_{10}}{2}C_2\right)\right] \tag{6.1.28}$$

或

$$\alpha = k_{10}\left[\coth\left(\frac{k_{10}}{2}C_2\right) - \frac{a}{2}\mathrm{csch}^2\left(\frac{k_{10}}{2}C_2\right)\right]. \tag{6.1.29}$$

由 (6.1.28) 或 (6.1.29) 可决定 C_2, 再由 (6.1.28), (6.1.29) 及双曲正切和双曲余切函数的性质知

当 $|Y_{10}| \leqslant k_{10}$ 时, 内层解的零次近似 Y_0 由 (6.1.26) 表出;

当 $|Y_{10}| \geqslant k_{10}$ 时, 内层解的零次近似 Y_0 由 (6.1.27) 表出.

然后由 (6.1.13), 将外部解的一次项 y_{r1} 用内层变量 ξ 来表示, 并对小的 ε 展开, 得到外部解的内层 $(y_{r1})^{\mathrm{i}} = -by'_{r0}(0)$. 再将内层解的一次项 Y_{11} 用外部变量 x 来表示, 并对小的 ε 展开, 得到内层解的外部极限 $(Y_{11})^{\circ} = C_4$. 根据匹配原则 $(y_{r1})^{\mathrm{i}} = (Y_{11})^{\circ}$ 有

$$C_4 = -by'_{r0}(0). \tag{6.1.30}$$

再考虑到边界条件 (6.1.2), 在 (6.1.24) 中, 当 $x = 0$ 时, 用对应的 $\xi = 0$ 代入, 使得 $Y_1(0) + a\dfrac{\mathrm{d}Y_1}{\mathrm{d}\xi}(0) = 0$, 故 $C_3 = -C_4$. 于是由 (6.1.30), 奇异摄动问题的合成解的构造知

(1) 当 $|Y_{10}| \leqslant k_{10}$ 时, 问题 (6.1.1)$\sim$(6.1.3) 在 $x = 0$ 附近可能有冲击层, 其激波解为

$$
\begin{aligned}
y(x) = {} & y_{r0} + k_{10}\left[-1 + \tanh\left(\frac{1}{2}k_{10}(\xi + C_2)\right)\right] \\
& + \varepsilon\Bigg\{ \exp\left(\int_x^1 \frac{-y'_{r0}(\xi) + g(\xi)f_y(y_{r0}(\xi))}{y_{r0}(\xi)}\mathrm{d}\xi\right) \\
& \times \left\{\int_x^1\left[-\frac{y''_{r0}(\xi)}{y_{r0}(\xi)}\exp\left(\int_\xi^1 \frac{y'_{r0}(\eta) - g(\eta)f_y(y_{r0}(\eta))}{y_{r0}(\eta)}\mathrm{d}\eta\right)\right]\mathrm{d}\xi - by'_{r0}(0)\right\} \\
& \times \left\{\exp\int_0^\xi\left[-k_{10}\tanh\frac{1}{2}k_{10}(\xi + C_2)\mathrm{d}\eta\right]\left[\int_0^\xi\left[g(0)f\left(k_{10}\tanh\frac{1}{2}k_{10}(\eta + C_2)\right)\right.\right.\right. \\
& \left.\left.\left. + by'_{r0}(0)\right]\exp\left(\int_0^\eta k_{10}\tanh\left(\frac{1}{2}k_{10}(\tau + C_2)\right)\mathrm{d}\tau\right)\mathrm{d}\eta\right\} + O(\varepsilon^2), \quad 0 < \varepsilon \ll 1,
\end{aligned}
$$
$$\tag{6.1.31}$$

其中 y_{r0} 由 (6.1.7) 决定, C_2 由 (6.1.28) 决定. 上述解在 $x = 0$ 附近有激波层.

(2) 当 $|Y_{l0}| \geqslant k_{l0}$ 时, 问题 (6.1.1)~(6.1.3) 在 $x = 0$ 附近可能有冲击层, 其激波解为

$$
\begin{aligned}
y(x) = y_{r0} + k_{l0} & \left[1 + \coth\left(\frac{1}{2}k_{l0}(\xi + C_2) \right) \right] \\
& + \varepsilon \Bigg(\exp\left(\int_x^1 \frac{-y_{r0}'(\xi) + g(\xi)f_y(y_{r0}(\xi))}{y_{r0}(\xi)} \mathrm{d}\xi \right) \\
& \times \left\{ \int_x^1 \left[-\frac{y_{r0}''(\xi)}{y_{r0}(\xi)} \exp\left(\int_\xi^1 \frac{y_{r0}'(\eta) - g(\eta)f_y(y_{r0}(\eta))}{y_{r0}(\eta)} \mathrm{d}\eta \right) \right] \mathrm{d}\xi - by_{r0}'(0) \right\} \\
& + \exp\left(\int_0^\xi \left[-k_{l0}\coth\left(\frac{1}{2}k_{l0}(\xi + C_2) \right) \right] \mathrm{d}\eta \right) \\
& \times \int_0^\xi \left[g(0)f\left(k_{l0}\coth\left(\frac{1}{2}k_{l0}(\eta + C_2) \right) \right) + by_{r0}'(0) \right] \\
& \times \exp\left(\int_0^\eta k_{l0}\coth\left(\frac{1}{2}k_{l0}(\tau + C_2) \right) \mathrm{d}\tau \right) \mathrm{d}\eta \Bigg) + O(\varepsilon^2), \quad 0 < \varepsilon \ll 1,
\end{aligned}
$$

$$(6.1.32)$$

其中 y_{r0} 仍由 (6.1.7) 决定, C_2 由 (6.1.29) 决定. 上述解也在 $x = 0$ 附近有激波层.

现在再假设激波位置在区间的右端, 即 $x^* = 1$. 由 (6.1.16), 这时伸长变量为 $\xi = \dfrac{x-1}{\varepsilon}$. 问题 (6.1.1)~(6.1.3) 的零次外部解是由 (6.1.6) 决定的 y_{l0}. 将零次外部解 y_{l0} 用内层变量 ξ 来表示, 并对小的 ε 展开, 得到零次外部解的内层极限. 再将内层解的零次近似 Y_{r0} 用外部变量 x 来表示, 并对小的 ε 展开, 得到零次内层解的外部极限 $(Y_{r0})^\circ = -k_{r0}$. 根据匹配原则有

$$
\int_0^1 g(x)\mathrm{d}x = \int_\alpha^{-k} \frac{s}{f(s)} \mathrm{d}s. \tag{6.1.33}
$$

由 f, g 的假设不难得知, (6.1.33) 存在一个根 $k = k_{r0} > 0$. 再由 (6.1.22), (6.1.23) 得

$$
Y_0 = k_r \tanh\left(\frac{1}{2}k_{r0}(\xi + C_2) \right), \quad |Y_{r0}| \leqslant k_{r0} \tag{6.1.34}
$$

和

$$
Y_0 = k_r \coth\left(\frac{1}{2}k_{r0}(\xi + C_2) \right), \quad |Y_{r0}| \geqslant k_{r0}. \tag{6.1.35}
$$

考虑到边界条件 (6.1.3), 在 (6.1.34), (6.1.35) 中, 用当 $x = 1$ 时对应的 $\xi = 0$ 代入, 使得 $Y_{r0}(0) - b\dfrac{\mathrm{d}Y_{r0}}{\mathrm{d}\xi}(0) = \beta$, 故

$$
\beta = k_{r0}\tanh\left(\frac{k_{r0}}{2}C_2 \right) - b\mathrm{sech}^2\left(\frac{k_{l0}}{2}C_2 \right) \tag{6.1.36}
$$

或

$$\beta = k_{r0} \tanh\left(\frac{k_{r0}}{2}C_2\right) + b\operatorname{csch}^2\left(\frac{k_{10}}{2}C_2\right).$$ (6.1.37)

由 (6.1.36) 或 (6.1.37) 可决定 C_2, 再由 (6.1.34), (6.1.35) 及双曲正切和双曲余切函数的性质知

当 $|Y_{r0}| \leqslant k_{r0}$ 时, 内层解的零次近似 Y_{r0} 由 (6.1.34) 表出;

当 $|Y_{r0}| \geqslant k_{r0}$ 时, 内层解的零次近似 Y_{r0} 由 (6.1.35) 表出.

然后由 (6.1.12), 将外部解的一次项 y_{11} 用内层变量 ξ 来表示, 并对小的 ε 展开, 得到外部解的内层极限 $(y_{11})^i = ay'_{r0}(0)$. 再将内层解的一次项 Y_{r1} 用外部变量 x 来表示, 并对小的 ε 展开, 得到内层解的外部极限 $(Y_{r1})^o = C_4$. 根据匹配原则 $(y_{11})^i = (Y_{r1})^o$ 有

$$C_4 = ay'_{r0}(0).$$ (6.1.38)

于是由 (6.1.38), 奇异摄动问题的合成解的构造知

(1) 当 $|Y_{r0}| \leqslant k_{r0}$ 时, 问题 (6.1.1)~(6.1.3) 在 $x = 1$ 附近可能有冲击层, 其激波解为

$$
\begin{aligned}
y(x) = {} & y_{10} + k_{r0}\left[-1 + \tanh\left(\frac{1}{2}k_{r0}(\xi + C_2)\right)\right] \\
& + \varepsilon\Bigg(\exp\left(\int_0^x \frac{-y'_{10}(\xi) + g(\xi)f_y(y_{10}(\xi))}{y_{10}(\xi)}\mathrm{d}\xi\right) \\
& \times \left\{\int_0^x\left[-\frac{y''_{10}(\xi)}{y_{10}(\xi)}\exp\left(\int_0^\xi \frac{y'_{10}(\eta) - g(\eta)f_y(y_{10}(\eta))}{y_{10}(\eta)}\mathrm{d}\eta\right)\right]\mathrm{d}\xi + ay'_{10}(0)\right\} \\
& + \exp\left(\int_0^\xi\left[-k_{r0}\tanh\left(\frac{1}{2}k_{r0}(\xi + C_2)\right)\right]\mathrm{d}\eta\right) \\
& \times \int_0^\xi\left[g(1)f\left(k_{r0}\tanh\left(\frac{1}{2}k_{r0}(\eta + C_2)\right)\right) - ay'_{10}(0)\right] \\
& \times \exp\left(\int_0^\eta k_{r0}\tanh\left(\frac{1}{2}k_{r0}(\tau + C_2)\right)\mathrm{d}\tau\right)\mathrm{d}\eta\Bigg) + O(\varepsilon^2), \quad 0 < \varepsilon \ll 1,
\end{aligned}
$$ (6.1.39)

其中 y_1 由 (6.1.6) 决定, C_2 由 (6.1.35) 决定. 上述解在 $x = 1$ 附近有激波层.

(2) 当 $|Y_{r0}| \geqslant k_{r0}$ 时, 问题 (6.1.1)~(6.1.3) 在 $x = 1$ 附近可能有冲击层, 其激波解为

$$y(x) = y_{10} + k_{r0} \left[1 + \coth \left(\frac{1}{2} k_{r0}(\xi + C_2) \right) \right]$$

$$+ \varepsilon \left(\exp \left(\int_0^x \frac{-y_{10}'(\xi) + g(\xi) f_y(y_{10}(\xi))}{y_{10}(\xi)} \mathrm{d}\xi \right) \right.$$

$$\left. \times \left\{ \int_x^1 \left[-\frac{y_{10}''(\xi)}{y_{10}(\xi)} \exp \left(\int_\xi^1 \frac{y_{10}'(\eta) - g(\eta) f_y(y_{10}(\eta))}{y_{10}(\eta)} \mathrm{d}\eta \right) \right] \mathrm{d}\xi + a y_{10}'(0) \right\} \right.$$

$$+ \exp \left(\int_0^\xi \left[-k_{r0} \coth \left(\frac{1}{2} k_{r0}(\xi + C_2) \right) \right] \mathrm{d}\eta \right)$$

$$\times \int_0^\xi \left[g(1) f \left(k_{r0} \coth \left(\frac{1}{2} k_{r0}(\eta + C_2) \right) \right) - a y_{10}'(0) \right]$$

$$\left. \times \exp \left(\int_0^\eta k_{r0} \coth \left(\frac{1}{2} k_{r0}(\tau + C_2) \right) \mathrm{d}\tau \right) \mathrm{d}\eta \right) + O(\varepsilon^2), \quad 0 < \varepsilon \ll 1,$$

$$(6.1.40)$$

其中 y_{10} 仍由 (6.1.6) 决定, C_2 由 (6.1.37) 决定. 上述解在 $x = 1$ 附近有激波层.

综上所述, 在 f, g 的假设下, 奇异摄动问题 (6.1.1)~(6.1.3) 激波解的冲击层位置分别有如下情形:

(1) 当 $|Y_{l0}| \leqslant k_{l0}$ 时, 问题 (6.1.1)~(6.1.3) 在 $x = 0$ 附近可能有冲击层, 它具有形如 (6.1.31) 的激波解;

(2) 当 $|Y_{l0}| \geqslant k_{l0}$ 时, 问题 (6.1.1)~(6.1.3) 在 $x = 0$ 附近可能有冲击层, 它具有形如 (6.1.32) 的激波解;

(3) 当 $|Y_{r0}| \leqslant k_{r0}$ 时, 问题 (6.1.1)~(6.1.3) 在 $x = 1$ 附近可能有冲击层, 它具有形如 (6.1.39) 的激波解;

(4) 当 $|Y_{r0}| \geqslant k_{r0}$ 时, 问题 (6.1.1)~(6.1.3) 在 $x = 1$ 附近可能有冲击层, 它具有形如 (6.1.40) 的激波解.

注 6.1.1 激波位置在区间的内部 (即 $0 < x^* < 1$) 的情形, 可以用上述方法类似地讨论, 在此不再叙述.

6.2 生态种群问题

考虑一类具有非线性捕食–被捕食的奇异摄动生态种群系统的问题[37,38]

$$\varepsilon \frac{\partial u_1}{\partial t} - L u_1 = u_1 f_1 (\lambda_1 - r_{11} u_1 - r_{12} u_2), \quad (t, \boldsymbol{x}) \in (0, T] \times \Omega, \qquad (6.2.1)$$

$$\varepsilon \frac{\partial u_2}{\partial t} - L u_2 = u_2 f_2 (-\lambda_2 + r_{21} u_1), \quad (t, \boldsymbol{x}) \in (0, T] \times \Omega, \qquad (6.2.2)$$

$$u_i = g_i(\boldsymbol{x}), \quad \boldsymbol{x} \in \partial \Omega, \ i = 1, 2, \qquad (6.2.3)$$

$$u_i = h_i(\boldsymbol{x}), \quad t = 0, \ i = 1, 2, \tag{6.2.4}$$

其中 ε 为正的小参数, 它意味着是大扩散系数的情形, u_1 和 u_2 分别表示被捕食和捕食者数, λ_i, r_{ij} 为正常数, λ_1 为被捕食者的实际增长率, λ_2 为捕食者的死亡率, r_{ij} 分别为被捕食者和捕食者的密度系数. 方程 (6.2.1), (6.2.2) 的右端为反应项, L 为一致椭圆型算子, $\boldsymbol{x} \equiv (x_1, x_2, \cdots, x_n) \in \Omega$, Ω 表示在 $\mathbf{R}^n$ 中的一个有界凸域, $\partial\Omega$ 为 Ω 的光滑边界, 它为 $C^{1+\alpha}$ 类 (其中 $\alpha \in (0,1)$ 为 Hölder 指数). 问题 (6.2.1)~(6.2.4), 即捕食–被捕食系统反映种群间相互的增长关系.

现在构造问题解的渐近展开式, 并讨论其渐近性态[38]. 假设

(H$_1$) L 的系数、$g_i > 0$ 和 $h_i > 0$ 关于其变量在相应的变化区域内是 Hölder 连续的, 并且在 $x \in \partial\Omega$ 上, $g_i(x) = h_i(x)(i = 1, 2)$;

(H$_2$) $f_i(y)$ 连续可微, 并且存在常数 k_1 和 k_2, 使得 $f_{1y}(y) \geqslant k_1 > 0$, $f_2(-\lambda_2) \leqslant k_2 < 0$.

首先, 构造问题 (6.2.1)~(6.2.4) 解的形式渐近展开式. 原问题的退化问题为

$$-Lu_1 = u_1 f_1(\lambda_1 - r_{11}u_1 - r_{12}u_2), \quad \boldsymbol{x} \in \Omega, \tag{6.2.5}$$

$$-Lu_2 = u_2 f_2(-\lambda_2 + r_{21}u_1), \quad \boldsymbol{x} \in \Omega, \tag{6.2.6}$$

$$u_i = g_i(\boldsymbol{x}), \quad \boldsymbol{x} \in \partial\Omega, \ i = 1, 2. \tag{6.2.7}$$

再设问题 (6.2.5)~(6.2.7) 的一个正解为 (U_1, U_2), 但是 (U_1, U_2) 未必满足边界条件 (6.2.4). 为此, 需构造初始层校正项 (V_1, V_2). 引入伸长变量[6]

$$\tau = \frac{t}{\varepsilon}. \tag{6.2.8}$$

考虑抛物型系统初始边值问题

$$\frac{\partial V_1}{\partial \tau} - LV_1 = 0, \tag{6.2.9}$$

$$\frac{\partial V_2}{\partial \tau} - LV_2 = 0, \tag{6.2.10}$$

$$V_i(\tau, \boldsymbol{x}) = 0, \quad \boldsymbol{x} \in \partial\Omega, \ i = 1, 2, \tag{6.2.11}$$

$$V_i(0, \boldsymbol{x}) = h_i(\boldsymbol{x}) - U_i(\boldsymbol{x}), \quad \tau = 0, \ i = 1, 2. \tag{6.2.12}$$

不难看出, 线性问题 (6.2.9)~(6.2.12) 存在一个具有初始层性态的正解 (V_1, V_2).

现在来证明, 在假设 (H$_1$), (H$_2$) 下, 非线性捕食–被捕食反应扩散系奇异摄动问题 (6.2.1)~(6.2.4) 存在一组解 (u_1, u_2), 并且由 (6.2.8), 成立一致有效的渐近展开式

$$u_i(t, \boldsymbol{x}) = U_i(\boldsymbol{x}) + V_i\left(\frac{t}{\varepsilon}, \boldsymbol{x}\right) + O(\varepsilon), \quad 0 < \varepsilon \ll 1, \ i = 1, 2. \tag{6.2.13}$$

首先, 构造辅助函数 α_i 和 β_i,

$$\alpha_i = U_i + V_i - \delta_i \varepsilon, \quad \beta_i = U_i + V_i + \delta_i \varepsilon, \quad i = 1, 2, \tag{6.2.14}$$

其中 δ_i 为足够大的正常数. 显然,

$$\alpha_i \leqslant \beta_i, \quad (t, \boldsymbol{x}) \in [0, T] \times (\Omega + \partial\Omega), \ i = 1, 2, \tag{6.2.15}$$

并且在 $\boldsymbol{x} \in \partial\Omega$ 上, 存在正常数 $M_{i1}(i = 1, 2)$, 使得

$$\alpha_i |_{\boldsymbol{x} \in \partial\Omega} = [U_i + V_i - \delta_i \varepsilon]_{\boldsymbol{x} \in \partial\Omega} = g_i(\boldsymbol{x})|_{\boldsymbol{x} \in \partial\Omega} + M_{i1}\varepsilon - \delta_i\varepsilon, \quad i = 1, 2,$$

于是选取 $\delta_i \geqslant M_{i1}$ 有

$$\alpha_i |_{\boldsymbol{x} \in \partial\Omega} \leqslant g_i(\boldsymbol{x})|_{\boldsymbol{x} \in \partial\Omega}, \quad i = 1, 2. \tag{6.2.16}$$

同理可得

$$\beta_i |_{\boldsymbol{x} \in \partial\Omega} \geqslant g_i(\boldsymbol{x})|_{\boldsymbol{x} \in \partial\Omega}, \quad i = 1, 2, \tag{6.2.17}$$

$$\alpha_i(0, \boldsymbol{x}) \leqslant h_i(\boldsymbol{x}) \leqslant \beta_i(0, \boldsymbol{x}), \quad i = 1, 2. \tag{6.2.18}$$

现在证明

$$\varepsilon \frac{\partial \alpha_1}{\partial t} - L\alpha_1 - \alpha_1 f_1(\lambda_1 - r_{11}\alpha_1 - r_{12}\alpha_2) \leqslant 0, \quad i = 1, 2, \tag{6.2.19}$$

$$\varepsilon \frac{\partial \alpha_2}{\partial t} - L\alpha_2 - \alpha_2 f_2(-\lambda_2 + r_{21}\alpha_1) \leqslant 0, \quad i = 1, 2, \tag{6.2.20}$$

$$\varepsilon \frac{\partial \beta_1}{\partial t} - L\beta_1 - \beta_1 f_1(\lambda_1 - r_{11}\beta_1 - r_{12}\beta_2) \geqslant 0, \quad i = 1, 2, \tag{6.2.21}$$

$$\varepsilon \frac{\partial \beta_2}{\partial t} - L\beta_2 - \beta_2 f_2(-\lambda_2 + r_{21}\beta_1) \geqslant 0, \quad i = 1, 2. \tag{6.2.22}$$

由中值定理, 存在正常数 M_{12}, 使得

$$\begin{aligned}
&\varepsilon \frac{\partial \alpha_1}{\partial t} - L\alpha_1 - \alpha_1 f_1(\lambda_1 - r_{11}\alpha_1 - r_{12}\alpha_2) \\
&= [-LU_1 - U_1 f_1(\lambda_1 - r_{11}U_1 - r_{12}U_2)] \\
&\quad + \left[\frac{\partial V_1}{\partial t} - L(V_1)\right] + [U_1 f_1(\lambda_1 - r_{11}U_1 - r_{12}U_2) \\
&\quad - (U_1 + V_1 - \delta_1\varepsilon) f_1(\lambda_1 - r_{11}(U_1 + V_1 - \delta_1\varepsilon) - r_{12}(U_2 + V_2 - \delta_2\varepsilon))] \\
&\leqslant -U_1[f_{1y}(*)](r_{11}\delta_1 + r_{12}\delta_2)\varepsilon \\
&\quad + f_1(\lambda_1 - r_{11}(U_1 + V_1 - \delta_1\varepsilon) - r_{12}(U_2 + V_2 - \delta_2\varepsilon))\delta_1\varepsilon + M_{12}\varepsilon,
\end{aligned}$$

其中 "*" 表示在相应自变量范围内的某值. 由假设及选取 δ_i 足够大可分别证明式 (6.2.19). 同理可证式(6.2.20)~(6.2.22). 于是由(6.2.15)~(6.2.22), 问题(6.2.1)~(6.2.4) 存在一组解 (u_1, u_2) 并且成立

$$\alpha_i(t, \boldsymbol{x}, \varepsilon) \leqslant u_i(t, \boldsymbol{x}, \varepsilon) \leqslant \beta_i(t, \boldsymbol{x}, \varepsilon), \quad i = 1, 2.$$

再由 (6.2.14), 便得到 (6.2.13) 一致地成立.

6.3   催化反应问题

考虑如下一个在催化反应理论中出现的奇异摄动非线性微分方程 Robin 边值 问题[39]:

$$\varepsilon^2 \frac{\mathrm{d}^2 y}{\mathrm{d}t^2} = \prod_{i=1}^{n} [y - u_i(t)], \quad 0 < t < 1, \tag{6.3.1}$$

$$y(0, \varepsilon) - \varepsilon \frac{\mathrm{d}y}{\mathrm{d}t}(0, \varepsilon) = A, \tag{6.3.2}$$

$$y(1, \varepsilon) + \varepsilon \frac{\mathrm{d}y}{\mathrm{d}t}(1, \varepsilon) = B, \tag{6.3.3}$$

其中 (6.3.1) 为压片内部被催化的扩散与反应之间质量平衡的一个方程, y 为反应 的规范化浓度, t 为位置变量, $\varepsilon^2 = \dfrac{D}{k}$, D 为扩散系数, k 为反应速率, $k \gg 1$, 故 $\varepsilon \ll 1$.

假设

$$u_i(t) \in C^2[0, t], \quad u_i(t) < u_j(t), \ i < j. \tag{6.3.4}$$

首先构造原问题的外部解 $U(t, \varepsilon)$. 令

$$U(t, \varepsilon) = \sum_{i=1}^{\infty} U_i(t)\varepsilon^i, \tag{6.3.5}$$

显然, 原问题的退化解为

$$U_0(t) = u_r(t), \quad 1 \leqslant r \leqslant n. \tag{6.3.6}$$

以下仅考虑 $n - r$ 为偶数的情形. 由 (6.3.4) 知, 对足够小的 ε_0, 恒有

$$\prod_{i=1, i \neq r}^{n} (u_r - u_i) \geqslant m > 0, \quad 0 \leqslant t \leqslant 1. \tag{6.3.7}$$

现在构造 $U_i(t)(i \geqslant 1)$. 将 (6.3.5) 代入方程 (6.3.1), 等式右端按 ε 的幂展开, 比较 ε^1 的同次幂项有

$$0 = \left\{ \prod_{i=1,i\neq r}^{n} [U_0 - u_i(t)] \right\} U_1.$$

由此可得

$$U_1(t) = 0. \tag{6.3.8}$$

比较 ε^2 的同次幂项有

$$\frac{\mathrm{d}^2 U_0}{\mathrm{d}t^2} = \left\{ \sum_{j=1,j\neq r}^{n} \prod_{i=1,i\neq j,r}^{n} [U_0 - u_i(t)] \right\} U_1^2 + \left\{ \prod_{i=1,i\neq r}^{n} [u_r(t) - u_i(t)] \right\} U_2.$$

由 (6.3.6), (6.3.8) 得

$$U_2(t) = \frac{u_r''(t)}{\displaystyle\prod_{i=1,i\neq r}^{n} [u_r(t) - u_i(t)]}. \tag{6.3.9}$$

将 (6.3.6)~(6.3.9) 代入 (6.3.5), 便得到原问题外部解的二次渐近展开式.

为了得到在 $t = 0$ 附近解的边界层校正项, 作伸长变量变换[6]

$$\tau = \frac{t}{\varepsilon}. \tag{6.3.10}$$

设

$$y = U(t,\varepsilon) + V(\tau,\varepsilon), \tag{6.3.11}$$

其中

$$V(\tau,\varepsilon) = \sum_{i=0}^{\infty} V_i(\tau) \varepsilon^i. \tag{6.3.12}$$

将 (6.3.11) 代入方程 (6.3.1), 并考虑到 (6.3.10) 有

$$\frac{\mathrm{d}^2 V}{\mathrm{d}\tau^2} = \prod_{i=1}^{n} (U + V - u_i) - \prod_{i=1}^{n} (U - u_i). \tag{6.3.13}$$

再将 (6.3.5), (6.3.12) 代入 (6.3.13), 并将其右端按 ε 的幂展开, 比较等式中的 $\varepsilon^i (i = 0, 1, 2)$ 的系数得

$$\frac{\mathrm{d}^2 V_0}{\mathrm{d}\tau^2} = \prod_{i=1}^{n} (u_r + V_0 - u_i) - \prod_{i=1}^{n} (u_r - u_i), \tag{6.3.14}$$

$$\frac{\mathrm{d}^2 V_1}{\mathrm{d}\tau^2} = \left[\prod_{j=1,i\neq r}^{n} (u_r + V_0 - u_i) \right] V_1 + g_1, \tag{6.3.15}$$

$$\frac{\mathrm{d}^2 V_2}{\mathrm{d}\tau^2} = \left[\prod_{j=1, i \neq r}^{n} (u_r + V_0 - u_i) \right] V_2 + g_2, \tag{6.3.16}$$

其中 g_i 为逐次已知的齐次函数.

将 (6.3.11) 代入 (6.3.2) 有

$$\left[V - \frac{\mathrm{d}V}{\mathrm{d}\tau} \right]_{\tau=0} = A - \left[U - \varepsilon \frac{\mathrm{d}U}{\mathrm{d}t} \right]_{t=0}.$$

再将 (6.3.5), (6.3.12) 代入上式, 比较 $\varepsilon^i (i = 0, 1, 2)$ 的系数可得

$$\left[V_0 - \frac{\mathrm{d}V_0}{\mathrm{d}\tau} \right]_{\tau=0} = A - u_r(0), \tag{6.3.17}$$

$$\left[V_1 - \frac{\mathrm{d}V_1}{\mathrm{d}\tau} \right]_{\tau=0} = u_r(0), \tag{6.3.18}$$

$$\left[V_2 - \frac{\mathrm{d}V_2}{\mathrm{d}\tau} \right]_{\tau=0} = -\frac{u_r''(0)}{\displaystyle\prod_{i=1, i \neq r}^{n} [u_r(0) - u_i(0)]}. \tag{6.3.19}$$

由 (6.3.14)~(6.3.19), 可依次地得到在 $t = 0$ 附近具有边界层性质的解 $V_i (i = 0, 1, 2)$.

为了构造原问题解在 $t = 1$ 附近解的边界层校正项, 作伸长变量变换

$$\lambda = \frac{1-t}{\varepsilon}. \tag{6.3.20}$$

再设

$$y = U(t, \varepsilon) + V(\tau, \varepsilon) + W(\lambda, \varepsilon), \tag{6.3.21}$$

其中

$$W(\lambda, \varepsilon) = \sum_{i=1}^{\infty} W_i(\lambda) \varepsilon^i. \tag{6.3.22}$$

将 (6.3.21) 代入方程 (6.3.1) 有

$$\frac{\mathrm{d}^2 W}{\mathrm{d}\lambda^2} = \prod_{i=1}^{n} (U + V + W - u_i) - \prod_{i=1}^{n} (U + V - u_i). \tag{6.3.23}$$

将 (6.3.5), (6.3.12), (6.3.22) 代入 (6.3.23), 并将其右端按 ε 的幂展开, 比较 $\varepsilon^i (i = 0, 1, 2)$ 的系数得

$$\frac{\mathrm{d}^2 W_0}{\mathrm{d}\lambda^2} = \prod_{i=1}^{n} (u_r + V_0 + W_0 - u_i) - \prod_{i=1}^{n} (u_r + V_0 - u_i), \tag{6.3.24}$$

$$\frac{\mathrm{d}^2 W_1}{\mathrm{d}\lambda^2} = \prod_{i=1, i \neq r}^{n} (u_r + V_0 + W_0 - u_i) W_1 + h_1, \tag{6.3.25}$$

$$\frac{\mathrm{d}^2 W_2}{\mathrm{d}\lambda^2} = \prod_{i=1, i \neq r}^{n} (u_r + V_0 + W_0 - u_i) W_2 + h_2, \tag{6.3.26}$$

其中 h_i 为逐次已知的函数.

将 (6.3.22) 代入 (6.3.3) 有

$$\left[W + \frac{\mathrm{d}W}{\mathrm{d}\tau} \right]_{\lambda=0} = B - \left[U + \varepsilon \frac{\mathrm{d}U}{\mathrm{d}t} \right]_{t=1} - \left[V + \frac{\mathrm{d}V}{\mathrm{d}\tau} \right]_{\tau=1/\varepsilon}.$$

再将 (6.3.5), (6.3.12), (6.3.22) 代入上式, 比较 $\varepsilon^i (i = 0, 1, 2)$ 的系数, 可令

$$\left[W_0 + \frac{\mathrm{d}W_0}{\mathrm{d}\lambda} \right]_{\lambda=0} = B - u_r(1), \tag{6.3.27}$$

$$\left[W_1 + \frac{\mathrm{d}W_1}{\mathrm{d}\lambda} \right]_{\lambda=0} = -u_r(1), \tag{6.3.28}$$

$$\left[W_2 + \frac{\mathrm{d}W_2}{\mathrm{d}\lambda} \right]_{\lambda=0} = -\frac{u_r''(1)}{\prod\limits_{i=1, i \neq r}^{n} [u_r(1) - u_i(1)]}. \tag{6.3.29}$$

由 (6.3.24)~(6.3.29), 可依次地得到在 $t = 1$ 附近具有边界层性质的解 $W_i (i = 0, 1, 2)$. 将 $W_i (i = 0, 1, 2)$ 代入 (6.3.22), 便得到在 $t = 1$ 附近具有解的二次渐近校正项.

考虑到 (6.3.5), (6.3.12), (6.3.22), 将求得的 U_i, V_i, W_i 代入 (6.3.22), 便构造了原问题 (6.3.1)~(6.3.3) 的二次形式渐近解.

现在证明渐近解的一致有效性. 首先, 在 $t \in [0, 1]$ 上, 作辅助函数

$$\alpha(t, \varepsilon) = u_r(t) \left\{ 1 + \frac{\varepsilon^2}{\prod\limits_{i=1, i \neq r}^{n} [u_r(t) - u_i(t)]} \right\} + \sum_{i=0}^{2} (V_i + W_i) \varepsilon^i - \gamma \varepsilon^3, \tag{6.3.30}$$

$$\beta(t, \varepsilon) = u_r(t) \left\{ 1 + \frac{\varepsilon^2}{\prod\limits_{i=1, i \neq r}^{n} [u_r(t) - u_i(t)]} \right\} + \sum_{i=0}^{2} (V_i + W_i) \varepsilon^i + \gamma \varepsilon^3, \tag{6.3.31}$$

其中 γ 为足够大的待定正常数. 显然,

$$\alpha(t, \varepsilon) \leqslant \beta(t, \varepsilon), \quad t \in [0, 1]. \tag{6.3.32}$$

由 (6.3.17)~(6.3.19), $W_i (i = 0, 1, 2)$ 及其导数在 $t = 0$ 处关于 ε 为高阶小量, 故存在正常数 M_1, 使得

$$
\begin{aligned}
\alpha(0, \varepsilon) - \varepsilon \frac{\mathrm{d}\alpha}{\mathrm{d}t}(0, \varepsilon) &\leqslant u_r(0) \left\{ 1 + \frac{\varepsilon^2}{\displaystyle\prod_{i=1, i \neq r}^{n} [u_r(0) - u_i(0)]} \right\} - \varepsilon u_r(0) \\
&\quad + \sum_{i=0}^{2} \left[V_i + \frac{\mathrm{d}V_i}{\mathrm{d}\tau} \right]_{\tau=0} \varepsilon^i + M_1 \varepsilon^3 - \gamma \varepsilon^3 \\
&\leqslant u_r(0) \left\{ 1 + \frac{\varepsilon^2}{\displaystyle\prod_{i=1, i \neq r}^{n} [u_r(0) - u_i(0)]} \right\} - \varepsilon u_r(0) \\
&\quad + A - u_r(0) + \varepsilon u_r(0) - \varepsilon^2 \frac{u_r''(0)}{\displaystyle\prod_{i=1, i \neq r}^{n} [u_r(0) - u_i(0)]} + M_1 \varepsilon^3 - \gamma \varepsilon^3 \\
&= A + (M_1 - \gamma)\varepsilon^3.
\end{aligned}
$$

选取 $\gamma \geqslant M_1$, 由上式有

$$
\alpha(0, \varepsilon) - \varepsilon \frac{\mathrm{d}\alpha}{\mathrm{d}t}(0, \varepsilon) \leqslant A. \tag{6.3.33}
$$

同理可得

$$
\beta(0, \varepsilon) - \varepsilon \frac{\mathrm{d}\beta}{\mathrm{d}t}(0, \varepsilon) \geqslant A. \tag{6.3.34}
$$

由 (6.3.26)~(6.3.28), $V_i (i = 0, 1, 2)$ 及其导数在 $t = 1$ 处关于 ε 为高阶小量, 故存在正常数 M_2, 使得

$$
\begin{aligned}
\alpha(1, \varepsilon) + \varepsilon \frac{\mathrm{d}\alpha}{\mathrm{d}t}(1, \varepsilon) &\leqslant u_r(1) \left\{ 1 + \frac{\varepsilon^2}{\displaystyle\prod_{i=1, i \neq r}^{n} [u_r(1) - u_i(1)]} \right\} + \varepsilon u_r \\
&\quad + \sum_{i=0}^{2} \left[W_i + \frac{\mathrm{d}W_i}{\mathrm{d}\lambda} \right]_{\lambda=0} \varepsilon^i + M_2 \varepsilon^3 - \gamma \varepsilon^3 \\
&\leqslant u_r(1) \left\{ 1 + \frac{\varepsilon^2}{\displaystyle\prod_{i=1, i \neq r}^{n} [u_r(1) - u_i(1)]} \right\} + \varepsilon u_r(1) \\
&\quad + B - u_r(1) - \varepsilon u_r(1) - \varepsilon^2 \frac{u_r''(1)}{\displaystyle\prod_{i=1, i \neq r}^{n} [u_r(1) - u_i(1)]} + M_2 \varepsilon^3 - \gamma \varepsilon^3 \\
&= B + (M_2 - \gamma)\varepsilon^3.
\end{aligned}
$$

选取 $\gamma \geqslant M_2$, 由上式有

$$\alpha(1,\varepsilon) + \varepsilon\frac{\mathrm{d}\alpha}{\mathrm{d}t}(1,\varepsilon) \leqslant B. \tag{6.3.35}$$

同理可得

$$\beta(1,\varepsilon) + \varepsilon\frac{\mathrm{d}\beta}{\mathrm{d}t}(1,\varepsilon) \geqslant B. \tag{6.3.36}$$

下面来证明

$$\varepsilon^2\frac{\mathrm{d}^2\alpha}{\mathrm{d}t^2} - \prod_{i=1}^{n}[\alpha - u_i(t)] \geqslant 0, \quad t \in (0,1), \tag{6.3.37}$$

$$\varepsilon^2\frac{\mathrm{d}^2\beta}{\mathrm{d}t^2} - \prod_{i=1}^{n}[\beta - u_i(t)] \leqslant 0, \quad t \in (0,1). \tag{6.3.38}$$

事实上, 由式 (6.3.7) 及中值定理, 对足够小的 ε, 存在一个正常数 M_3, 成立

$$\varepsilon^2\frac{\mathrm{d}^2\alpha}{\mathrm{d}t^2} - \prod_{i=1}^{n}[\alpha - u_i(t)]$$

$$= \varepsilon^2\frac{\mathrm{d}^2\alpha}{\mathrm{d}t^2} - \prod_{i=1}^{n}\left[u_r(t) + U_2\varepsilon^2 + \sum_{i=0}^{2}(V_i + W_i)\varepsilon^i - u_i(t)\right]$$

$$+ \prod_{i=1}^{n}\left\{u_r(t)\left[1 + \frac{\varepsilon^2}{\displaystyle\prod_{i=1,i\neq r}^{n}(u_r(t) - u_i(t))}\right] + \sum_{i=0}^{2}(V_i + W_i)\varepsilon^i - u_i(t)\right\} - \prod_{i=1}^{n}(\alpha - u_i)$$

$$\geqslant -\prod_{i=1}^{n}(u_r - u_i) + \varepsilon^2\left\{u_r''(t) - \left[\prod_{i=1,i\neq r}^{n}(u_r(t) - u_i(t))\right]U_2\right\}$$

$$+ \left\{\frac{\mathrm{d}^2V_0}{\mathrm{d}\tau^2} - \prod_{i=1}^{n}(u_r + V_0 - u_i) + \prod_{j=1}^{n}(u_r - u_i)\right\}$$

$$+\varepsilon\left\{\frac{\mathrm{d}^2V_1}{\mathrm{d}\tau^2} - \left[\prod_{j=1,i\neq r}^{n}(u_r + V_0 - u_i)\right]V_1 - g_1\right\}$$

$$+\varepsilon^2\left\{\frac{\mathrm{d}^2V_2}{\mathrm{d}\tau^2} - \left[\prod_{j=1,i\neq r}^{n}(u_r + V_0 - u_i)\right]V_2 - g_2\right\}$$

$$+ \left\{\frac{\mathrm{d}^2W_0}{\mathrm{d}\tau^2} - \prod_{i=1}^{n}(u_r + V_0 + W_0 - u_i) + \prod_{j=1}^{n}(u_r + V_0 - u_i)\right\}$$

$$+\varepsilon\left\{\frac{\mathrm{d}^2W_1}{\mathrm{d}\tau^2} - \left[\prod_{j=1,i\neq r}^{n}(u_r + V_0 + W_0 - u_i)\right]W_1 - h_1\right\}$$

$$+\varepsilon^2\left\{\frac{\mathrm{d}^2W_2}{\mathrm{d}\tau^2}-\left[\prod_{j=1,i\neq r}^{n}(u_r+V_0+W_0-u_i)\right]W_2-h_2\right\}-M_3\varepsilon^3+m\gamma\varepsilon^3$$

$$=(-M_3+m\gamma)\varepsilon^3.$$

选取 $\gamma\geqslant\dfrac{M_3}{m}$, 式 (6.3.37) 成立.

同理可证式 (6.3.38) 也成立.

由式 (6.3.32)~(6.3.38) 知, 奇异摄动边值问题 (6.3.1)~(6.3.3) 存在一个解 $Y(t,\varepsilon)$, 并有

$$\alpha(t,\varepsilon)\leqslant Y(t,\varepsilon)\leqslant\beta(t,\varepsilon),\quad 0\leqslant t\leqslant 1.$$

再将 (6.3.30), (6.3.31) 代入上式, 便有如下问题解 $Y(t,\varepsilon)$ 的一致有效的渐近估计式:

$$Y(t,\varepsilon)=u_r\left[1+\frac{\varepsilon^2}{\displaystyle\prod_{i=1,i\neq r}^{n}(u_r-u_i)}\right]$$

$$+\sum_{i=0}^{2}\left[V_i\left(\frac{t}{\varepsilon}\right)+W_i\left(\frac{1-t}{\varepsilon}\right)\right]\varepsilon^i+O(\varepsilon^3),\quad 0\leqslant t\leqslant 1,\,0<\varepsilon\ll 1,$$

其中 V_i 和 W_i 分别为在 $t=0$ 和 $t=1$ 附近具有边界层型的函数.

6.4 反应扩散问题

非线性反应扩散方程涉及物理学和物理化学的许多分支的研究. 现在考虑如下的两参数问题[40]:

$$\mu\frac{\partial u}{\partial t}-\varepsilon\frac{\partial^2 u}{\partial x^2}-\frac{\partial u}{\partial x}=f(x,u),\quad t>0,\,x\in(0,1),\tag{6.4.1}$$

$$u(0)=A,\tag{6.4.2}$$

$$g\left(u(1),\frac{\partial u}{\partial x}(1)\right)=0,\tag{6.4.3}$$

$$u=h(x),\quad t=0,\tag{6.4.4}$$

其中 $\varepsilon,\,\mu$ 为正的小参数. 问题 (6.4.1)~(6.4.4) 为具有两个参数的非线性奇异摄动边值问题.

假设

(H_1) 当 $\mu\to 0$ 时, $\varepsilon/\mu^2\to 0$;

(H$_2$) 函数 f, g 和 h 为关于其变元在各自的区域内充分光滑的函数, 并且 $g_u \neq 0$, $A = h(0)$, $g(h(1), h_x(1)) = 0$;

(H$_3$) 存在一个正常数 δ, 使得 $\dfrac{\partial f}{\partial u}(x, u) \leqslant -\delta$.

在上述假设下, 将研究初始边值问题 (6.4.1)~(6.4.4) 的解的存在性及其渐近性态, 从得到的解显示具有初始层和边界层, 并且初始层的厚度比边界层的厚度薄.

首先, 作自变量的变换

$$\xi = \mu, \quad \eta = \left(\frac{\varepsilon}{\mu^2} \right)^{1/2}. \tag{6.4.5}$$

由假设 (H$_1$), ξ 和 η 也为小参数. 将 (6.4.5) 代入方程 (6.4.1) 得

$$\xi \frac{\partial u}{\partial t} - (\xi\eta)^2 \frac{\partial^2 u}{\partial x^2} - \frac{\partial u}{\partial x} = f(x, u). \tag{6.4.6}$$

下面构造问题 (6.4.1)~(6.4.4) 的形式渐近解. 设问题 (6.4.1)~(6.4.4) 的外部解 U 为

$$U(x, \xi, \eta) = \sum_{i,j=0}^{\infty} U_{ij}(x) \xi^i \eta^j. \tag{6.4.7}$$

将 (6.4.7) 代入 (6.4.1), (6.4.3), 按 ξ, η 展开 f, 并分别使方程两端 ξ, η 的同次幂系数相等可得

$$\frac{\partial U_{00}}{\partial x} = -f(x, U_{00}), \tag{6.4.8}$$

$$g\left(U_{00}(1), \frac{\partial U_{00}}{\partial x}(1) \right) = 0, \tag{6.4.9}$$

$$\frac{\partial U_{ij}}{\partial x} + f(x, U_{00}) U_{ij} = F_{ij}, \quad i + j \neq 0, \tag{6.4.10}$$

$$g_u\left(U_{00}(1), \frac{\partial U_{00}}{\partial x}(1) \right) U_{ij}(1) + g_{u_x}\left(U_{00}(1), \frac{\partial U_{00}}{\partial x}(1) \right) \frac{\partial U_{ij}}{\partial x}(1) = \bar{F}_{ij}, \quad i + j \neq 0, \tag{6.4.11}$$

其中 F_{ij}, $\bar{F}_{ij}$ 为已知函数, 其结构从略. 由 (6.4.8), (6.4.10) 有

$$\frac{\partial U_{00}}{\partial x}(1) = -f(1, U_{00}(1)), \tag{6.4.12}$$

$$\frac{\partial U_{ij}}{\partial x}(1) = -f(1, U_{00}(1)) U_{ij}(1) + F_{ij}|_{x=1}, \quad i + j \neq 0. \tag{6.4.13}$$

将 (6.4.12), (6.4.13) 代入 (6.4.9), (6.4.11) 得

$$g(U_{00}(1), -f(1, U_{00}(1))) = 0, \tag{6.4.14}$$

$$\left[g_u \left(U_{00}(1), \frac{\partial U_{00}}{\partial x}(1) \right) - g_{u_x} \left(U_{00}(1), \frac{\partial U_{00}}{\partial x}(1) \right) f_u(1, U_{00}(1)) \right] U_{ij}(1)$$

$$= -g_{u_x} \left(U_{00}(1), \frac{\partial U_{00}}{\partial x}(1) \right) F_{ij}|_{x=1} + \bar{F}_{ij}|_{x=1}, \quad i + j \neq 0. \tag{6.4.15}$$

还需假设

(H_4) 方程 (6.4.14) 存在唯一的单根 $U_{00}(1) = \alpha$.

于是由假设 (H_4) 得到

$$P(\alpha) \equiv g(\alpha, -f(1, \alpha)) = 0, \tag{6.4.16}$$

$$P'(\alpha) \equiv g_u \left(U_{00}(1), \frac{\partial U_{00}}{\partial x}(1) \right) - g_{u_x} \left(U_{00}(1), \frac{\partial U_{00}}{\partial x}(1) \right) f_u(1, U_{00}(1)) \neq 0. \tag{6.4.17}$$

由 (6.4.14)~(6.4.17) 有

$$U_{00}(1) = \alpha, \tag{6.4.18}$$

$$U_{ij}(1) = [P'(\alpha)]^{-1} \left[-g_{u_x} \left(U_{00}(1), \frac{\partial U_{00}}{\partial x}(1) \right) F_{ij}|_{x=1} + \bar{F}_{ij}|_{x=1} \right], \quad i + j \neq 0. \tag{6.4.19}$$

由 (6.4.8), (6.4.18) 和 (6.4.10), (6.4.19) 能得到解 $U_{ij}(x)(i, k = 0, 1, \cdots)$, 所以得到了原问题 (6.4.1)~(6.4.4) 的外部解 (6.4.7). 但是它未必不满足初始条件 (6.4.4) 和边界条件 (6.4.2), 故尚需分别构造在 $t = 0$ 附近的初始层和在 $x = 0$ 附近的边界层校正项.

引入伸长变量[5,6] $\tau = t/\mu$, 并设解 u 为

$$u = U(x, \xi, \eta) + V(\tau, x, \xi, \eta). \tag{6.4.20}$$

将 (6.4.20) 代入 (6.4.6) 和 (6.4.4) 得

$$\frac{\partial V}{\partial \tau} - (\xi\eta)^2 \frac{\partial^2 V}{\partial x^2} - \frac{\partial V}{\partial x} = f(x, U + V) - f(x, U), \tag{6.4.21}$$

$$V|_{\tau=0} = h(x) - U(x, \xi, \eta). \tag{6.4.22}$$

令

$$V = \sum_{i,j=0}^{\infty} v_{ij}(\tau, x) \xi^i \eta^j. \tag{6.4.23}$$

将 (6.4.7), (6.4.23) 和 (6.4.20) 代入 (6.4.21), (6.4.22), 按 ξ, η 展开 f, 并分别使方程两端 ξ, η 的同次系数相等可得

$$\frac{\partial v_{00}}{\partial \tau} - \frac{\partial v_{00}}{\partial x} = f(x, U_{00} + v_{00}) - f(x, U_{00}), \tag{6.4.24}$$

$$v_{00}|_{\tau=0} = h(x) - U_{00}(x), \tag{6.4.25}$$

$$\frac{\partial v_{ij}}{\partial \tau} - \frac{\partial v_{ij}}{\partial x} - f_u(x, U_{00} + v_{00})v_{ij} = G_{ij}, \quad i+j \neq 0, \tag{6.4.26}$$

$$v_{ij}|_{\tau=0} = -U_{ij}(x), \quad i+j \neq 0, \tag{6.4.27}$$

其中 $G_{ij}(i+j \neq 0)$ 为已知函数, 其结构也从略. 由假设能得到 $(6.4.24) \sim (6.4.27)$ 的解 $v_{ij}(i,j=0,1,2,\cdots)$. 将 v_{ij} 代入 (6.4.23), 这时得到在 $t=0$ 附近的初始层校正项 V.

再引入伸长变量

$$\sigma = \frac{x}{(\xi\eta)^2}. \tag{6.4.28}$$

设原问题 $(6.4.1) \sim (6.4.4)$ 的解为

$$u = U(x, \xi, \eta) + V(\tau, x, \xi, \eta) + W(t, \sigma, \xi, \eta), \tag{6.4.29}$$

将 (6.4.28), (6.4.29) 代入 (6.4.6), (6.4.2) 得

$$\frac{\partial^2 W}{\partial \sigma^2} + \frac{\partial W}{\partial \sigma} - \xi^3 \eta^2 \frac{\partial W}{\partial t}$$
$$+ \xi^2 \eta^2 [f(\xi^2 \eta^2 \sigma, U+V+W) - f(\xi^2 \eta^2, \sigma, U+V)] = 0, \tag{6.4.30}$$

$$W(t, 0, \xi, \eta) = A - U(0, \xi, \eta) - V(\tau, 0, \xi, \eta). \tag{6.4.31}$$

令

$$W = \sum_{i,j=0}^{\infty} w_{ij}(t, \sigma) \xi^i \eta^j, \tag{6.4.32}$$

将 (6.4.7), (6.4.23), (6.4.32) 和 (6.4.29) 代入 (6.4.30), (6.4.31), 按 ξ, η 展开 f, 并分别使方程两端 ξ, η 的同次系数相等可得

$$\frac{\partial^2 w_{00}}{\partial \sigma^2} + \frac{\partial w_{00}}{\partial \sigma} = 0, \tag{6.4.33}$$

$$w_{00}(t, 0) = A - U_{00}(0) - v_{00}(\tau, 0), \tag{6.4.34}$$

$$\frac{\partial^2 w_{ij}}{\partial \sigma^2} + \frac{\partial w_{ij}}{\partial \sigma} = H_{ij}, \quad i+j \neq 0, \tag{6.4.35}$$

$$w_{ij}(t, 0) = -U_{ij}(0) - v_{ij}(\tau, 0), \quad i+j \neq 0, \tag{6.4.36}$$

其中 $H_{ij}(i+j \neq 0)$ 为已知函数, 其结构也从略. 由 $(6.4.33) \sim (6.4.36)$ 能得到 $w_{ij}(i,j=0,1,2,\cdots)$. 将 w_{ij} 代入 (6.4.33), 这时得到在 $x=0$ 附近的边界层校正项 W.

于是能构造原问题 $(6.4.1) \sim (6.4.4)$ 如下的形式渐近解 u:

$$u = \sum_{i,j=0}^{m} (U_{ij} + v_{ij})\xi^i \eta^j + \sum_{i,j=0}^{m+2} w_{ij}\xi^i \eta^j + O(\zeta),$$

$$0 < \xi = \mu, \eta = \frac{\varepsilon^{1/2}}{\mu} \ll 1, \tag{6.4.37}$$

其中 $\zeta = \max\{\xi^{m+1}, \eta^{m+1}\}$.

现在来证明在假设 $(H_1) \sim (H_4)$ 下, 式 (6.4.37) 是原问题 (6.4.1)~(6.4.4) 在 $t \geqslant 0$, $x \in \overline{\Omega}$ 上的一致有效的渐近解.

首先, 作辅助函数 α_m 和 β_m,

$$\alpha_m = Z_m - r\zeta, \quad \beta_m = Z_m + r\zeta, \tag{6.4.38}$$

其中 r 为足够大的正常数, 它将在下面决定, 而

$$Z_m \equiv \sum_{i,j=0}^{m} (U_{ij} + v_{ij})\xi^i\eta^j + \sum_{i,j=0}^{m+2} w_{ij}\xi^i\eta^j.$$

显然,

$$\alpha_m \leqslant \beta_m, \quad t \geqslant 0, \ x \in \overline{\Omega}, \tag{6.4.39}$$

$$\alpha_m|_{x=0} \leqslant A \leqslant \beta_m|_{x=0}, \quad \left[\alpha_m - \bar{g}\left(\frac{\partial \alpha_m}{\partial x}\right)\right]\Big|_{x=1} \leqslant 0 \leqslant \left[\beta_m - \bar{g}\left(\frac{\partial \beta_m}{\partial x}\right)\right]\Big|_{x=1}, \tag{6.4.40}$$

$$\alpha_m|_{t=0} \leqslant h(x) \leqslant \beta_m|_{t=0}, \tag{6.4.41}$$

其中 $y = \bar{g}(z)$ 为 $g(y,z) = 0$ 的显函数.

现在证明

$$\mu\frac{\partial \alpha_m}{\partial t} - \varepsilon\frac{\partial^2 \alpha_m}{\partial x^2} - \frac{\partial \alpha_m}{\partial x} - f(x, \alpha_m) \leqslant 0, \quad t > 0, \ x \in (0,1), \tag{6.4.42}$$

$$\mu\frac{\partial \beta_m}{\partial t} - \varepsilon\frac{\partial^2 \beta_m}{\partial x^2} - \frac{\partial \beta_m}{\partial x} - f(x, \beta_m) \geqslant 0, \quad t > 0, \ x \in (0,1). \tag{6.4.43}$$

由假设 (H_3), 对于 $\xi = \mu$, $\eta = \varepsilon^{1/2}/\mu$ 足够小, 存在一个正常数 M, 使得

$$\mu\frac{\partial \alpha_m}{\partial t} - \varepsilon\frac{\partial^2 \alpha_m}{\partial x^2} - \frac{\partial \alpha_m}{\partial x} - f(x, \alpha_m)$$

$$= \mu\frac{\partial Z_m}{\partial t} - \varepsilon\frac{\partial^2 Z_m}{\partial x^2} - \frac{\partial Z_m}{\partial x} - f(x, Z_m) + [f(x, Z_m) - f(x, Z_m - r\zeta)]$$

$$\leqslant -\frac{\partial U_{00}}{\partial x} - f(x, U_{00}) - \sum_{\substack{i,j=0 \\ i+j\neq0}}^{m} \left[\frac{\partial U_{ij}}{\partial x} + f(x, U_{00})U_{ij} - F_{ij}\right]\xi^i\eta^j$$

$$+ \frac{\partial v_{00}}{\partial \tau} - \frac{\partial v_{00}}{\partial x} - f(x, U_{00} + v_{00}) + f(x, U_{00})$$

$$+ \sum_{\substack{i,j=0 \\ i+j\neq0}}^{m} \left[\frac{\partial v_{ij}}{\partial \tau} - \frac{\partial v_{ij}}{\partial x} - f_u(x, U_{00} + v_{00})v_{ij} - G_{ij}\right]\xi^i\eta^j$$

$$- \left(\frac{\partial^2 w_{00}}{\partial \sigma^2} + \frac{\partial w_{00}}{\partial \sigma} \right) - \sum_{\substack{i,j=0 \\ i+j\neq 0}}^{m+2} \left(\frac{\partial^2 w_{ij}}{\partial \sigma^2} + \frac{\partial w_{ij}}{\partial \sigma} - H_{ij} \right) \xi^i \eta^j + M\zeta - r\delta\zeta$$

$$= (M - r\delta)\zeta.$$

选择 $r \geqslant M/\delta$, 便证明了式 (6.4.42). 同理可证式 (6.4.43) 也成立. 于是由 (6.4.39)~ (6.4.43), 利用微分不等式理论, 原问题 (6.4.1)~(6.4.4) 存在一个解 u, 并成立

$$\alpha_m \leqslant u \leqslant \beta_m, \quad t \geqslant 0, \ x \in \overline{\Omega}.$$

再由 (6.4.38), 便有问题解 u 的一致有效的渐近展开式 (6.4.37).

注 6.4.1 当 $\varepsilon/\mu^2 \to 1$, $\mu \to 1$ 和 $\mu^2/\varepsilon \to 0$, $\varepsilon \to 1$ 时的情形, 用上述方法类似地讨论, 可得到不同的结果. 在此不再叙述.

6.5 大气物理问题

El Niño (厄尔尼诺) 和南方涛动 (ENSO) 分别是发生在热带大气和海洋中的异常事件. ENSO 事件是影响全球气候大尺度的海洋–大气耦合系统, 它的发生严重地影响全球各地区气候和生态等方面的变化, 对全球的经济发展和人类生活都有严重的影响, 并带来了许多灾害. 许多学者用不同的方法对它的局部和整体性态作了多方位的研究, 如自忆性原理、用 Fokker-Plank 方程方法研究、运用高阶奇异谱分析和可预报性的研究、在边界的激变现象、不确定性的自适应控制扰动情形下的研究等方面[40~44].

下面是讨论一类大气物理中海–气现象的 ENSO 模型, 在一定的条件下, 研究对应的系统本身的不稳定性, 并利用摄动理论和方法较简捷地得到了相应非线性问题的解的任意次近似渐近展开式, 并证明了它的一致有效性.

研究如下大气物理中的 ENSO 系统:

$$\frac{\mathrm{d}T}{\mathrm{d}t} = a_1 T - a_2 \mu h + \sqrt{2/3}T(T - \mu h) - 2T^3 + f(T, h),$$

$$\frac{\mathrm{d}h}{\mathrm{d}t} = b(2h - T) - 2h^3 + g(T, h),$$

其中 T 为海表温度距平 SST, h 为温跃层厚度, 系数 $a_1 = \Delta \overline{T}'_{\hat{z}} + \Delta \overline{T}'_{\hat{x}} - \alpha'_{\hat{s}}$, $a_2 = \Delta \overline{T}'_{\hat{x}}$, $\Delta \overline{T}'_{\hat{z}}$, $\Delta \overline{T}'_{\hat{x}}$ 为无量纲基本状态参数, $\alpha'_{\hat{s}}$ 为 SST 非正规的 Newton 冷却系数, b 为有关海–气函数的一个无量纲数, f, g 为连续的扰动函数, 设它除在曲线: $x = x(t)$ 外为充分光滑的函数, 系数 μ 为量度温跃层位移效应的数, 设它为正的小参数.

上述系统的解一般在 $x = x(t)$ 附近有 "角层" 现象, 它具有角层性态的函数. 其解的渐近展开式构造方法可参见第 3 章的方法来处理. 在本例中, 我们只考虑 $f = g = 0$ 的情形.

考虑如下没有随机噪声影响下的 ENSO 系统[43,44]:

$$\frac{\mathrm{d}T}{\mathrm{d}t} = a_1 T - a_2 \mu h + \sqrt{2/3}T(T - \mu h) - 2T^3, \tag{6.5.1}$$

$$\frac{\mathrm{d}h}{\mathrm{d}t} = b(2h - T) - 2h^3. \tag{6.5.2}$$

由于在实测中 $a_1 < 0$, $b > 0$, 所以不难计算得 (6.5.1), (6.5.2) 对应的线性系统, 当 μ 足够小时, 对应的奇点为不稳定鞍点, 其零解是不稳定的. 而非线性系统 (6.5.1), (6.5.2) 相应的非线性项为 $\left(\sqrt{2/3}T(T - \mu h) - 2T^3, -2h^3\right)$, 不难判定, 其零解仍为不稳定的.

设

$$T \sim \sum_{i-0}^{\infty} T_i \mu^i, \quad h \sim \sum_{i-0}^{\infty} h_i \mu^i, \tag{6.5.3}$$

将 (6.5.3) 代入 (6.5.1), (6.5.2), 令 $\mu = 0$ 得

$$\frac{\mathrm{d}T_0}{\mathrm{d}t} = a_1 T_0 + \sqrt{\frac{2}{3}}T_0^2 - 2T_0^3, \tag{6.5.4}$$

$$\frac{\mathrm{d}h_0}{\mathrm{d}t} = b(2h_0 - T_0) - 2h_0^3. \tag{6.5.5}$$

同样可判定, 非线性系统 (6.5.4), (6.5.5) 的零解也是不稳定的. 又由于系统 (6.5.4), (6.5.5) 的特殊性, 所以容易用初等方法求得其解 $(T_0(t), h_0(t))$, 并且当 $t \to +\infty$ 时, 在对应的相平面上, 这组解的轨线远离原点. 这和非线性系统 (6.5.1), (6.5.2) 的解的性态一致.

为了求得原问题 (6.5.1), (6.5.2) 的更高阶近似, 将 (6.5.3) 代入 (6.5.1), (6.5.2) 后, 合并 $\mu^i(i = 1, 2, \cdots)$ 的同次幂, 并使方程两边的同次幂系数相等, 对 $i = 1, 2, \cdots$ 得

$$\frac{\mathrm{d}T_i}{\mathrm{d}t} = \left(a_1 + 2\sqrt{\frac{2}{3}}T_0 - 6T_0^2\right)T_i + F_i, \tag{6.5.6}$$

$$\frac{\mathrm{d}h_i}{\mathrm{d}t} = [2(b + 3h_0^2)h_i - bT_i] + G_i, \tag{6.5.7}$$

其中 F_i, G_i 为 F_j, $G_j(j \leqslant i - 1)$ 均为逐次已知的函数, 其结构从略. 由线性问题 (6.5.6), (6.5.7), 可以依次求出解组 $(T_i, h_i)(i = 1, 2, \cdots)$. 于是由 (6.5.3) 便得到原问题 (6.5.1), (6.5.2) 的解的形式渐近展开式. 下面来证明相应的展开式关于 μ 的一致有效性.

设

$$U_m = \sum_{i=0}^{m} T_i \mu^i, \quad V_m = \sum_{i=0}^{m} h_i \mu^i,$$

并且令 $R_T = T - U_m$, $R_h = h - V_m$. 再由 (6.5.1), (6.5.2), 利用中值定理, 在有限的时间区间 $[0, t_0]$(其中 t_0 为任意大的正常数) 内有

$$\frac{\mathrm{d}R_T}{\mathrm{d}t} - a_1 R_T + a_2 \mu R_h$$

$$= -\frac{\mathrm{d}U_m}{\mathrm{d}t} + a_1 U_m - a_2 \mu U_m$$

$$\quad + \sqrt{\frac{2}{3}}[(U_m + R_T)(U_m + R_T - \mu V_m - \mu R_h) - 2(U_m + R_T)^3]$$

$$= \left(-\frac{\mathrm{d}T_0}{\mathrm{d}t} + a_1 T_0 + \sqrt{\frac{2}{3}} T_0^2 - 2T_0^3 \right)$$

$$\quad + \sum_{i=1}^{m} \left[-\frac{\mathrm{d}T_i}{\mathrm{d}t} + \left(a_1 + 2\sqrt{\frac{2}{3}} T_0 - 6T_0^2 \right) T_i + F_i \right] \mu^i$$

$$\quad + \sqrt{\frac{2}{3}}[(U_m + R_T)(U_m + R_T - \mu V_m - \mu R_h) - 2(U_m + R_T)^3]$$

$$\quad + \sqrt{\frac{2}{3}}[U_m(U_m - \mu V_m) - 2U_m^3] + O(\mu^{m+1})$$

$$= \sqrt{\frac{2}{3}}[(U_m + \theta_1 R_T)(U_m + \theta_1 R_T - \mu V_m - \mu \theta_1 R_h)$$

$$\quad - 2(U_m + \theta_1 R_T)^3](R_T + \mu R_h) + O(\mu^{m+1}), \quad 0 < \theta_1 < 1,$$

$$\frac{\mathrm{d}R_h}{\mathrm{d}t} - b(2R_h - R_T) = -\frac{\mathrm{d}V_m}{\mathrm{d}t} + b(2V_m - U_m) - 2(V_m + R_h)^3$$

$$= \left[-\frac{\mathrm{d}h_0}{\mathrm{d}t} + b(2h_0 - T_0) - 2h_0^3 \right]$$

$$\quad + \sum_{i=1}^{m} \left\{ -\frac{\mathrm{d}h_i}{\mathrm{d}t} + [2(b - 3h_0^2)h_i - T_i] + G_i \right\} \mu^{m+1}$$

$$\quad - 2(V_m + R_h)^3 + 2V_m^3 + O(\mu^{m+1})$$

$$= -2(V_m + \theta_2 R_h)^3 R_h + O(\mu^{m+1}), \quad 0 < \theta_2 < 1.$$

再由不动点原理, 问题 (6.5.1), (6.5.2) 在相应的初始状态下, 存在解组 $(T(t), h(t))$, 并在任意有限时间段 $[0, t_0]$ 内, 关于 μ 成立如下一致有效的渐近展开式:

$$T(t) = \sum_{i=1}^{m} T_i \mu^i + O(\mu^{m+1}), \quad h(t) = \sum_{i=1}^{m} h_i \mu^i + O(\mu^{m+1}).$$

6.6　激光脉冲放大问题

　　激光脉冲放大器是近代物理学界的一个重要的研究对象. 著名的神 II 激光放大装置的研制就是这方面典型的课题. 在研究这方面的问题时, 需要了解有关的物

理量的性态. 例如, 能量增益、瞬时功率增益、增益通量、脉冲波形、光子数密度、能量密度等. 目前, 对无损耗的激光放大器的情形已经有较深入的研究结果. 然而, 对有损耗的情形还在更进一步的探讨中[45~47].

研究如下一个有损耗的激光脉冲放大器增益通量耦合系统[45~47]:

$$\frac{\partial \phi}{\partial t} + c\frac{\partial \phi}{\partial x} = \kappa c\phi\Delta - \gamma\phi + f(\phi, \Delta), \quad \frac{\partial \Delta}{\partial t} = -\kappa c\phi\Delta + g(\phi, \Delta),$$

其中 ϕ 为光子数密度, Δ 为反转粒子数密度, c 为传播速度, γ 为光子数在传输过程中的损耗率, κ 为受激光辐射的截面, 而 f, g 为间断的扰动函数, 设它除在曲线: $\phi = \varphi(\Delta)$ 外为充分光滑的函数.

上述系统的解一般在 $\phi = \varphi(\Delta)$ 附近有 "内层" 现象, 它具有内层性态的函数的解. 其解的渐近展开式构造方法可参见第 3 章的方法来处理. 在本例中, 我们只考虑 $f = g = 0$ 的情形.

讨论如下一个有损耗的激光脉冲放大器增益通量耦合系统[45~47]:

$$\frac{\partial \phi}{\partial t} + c\frac{\partial \phi}{\partial x} = \kappa c\phi\Delta - \gamma\phi, \quad \frac{\partial \Delta}{\partial t} = -\kappa c\phi\Delta. \tag{6.6.1}$$

为了简化运算, 现在将系统 (6.6.1) 作变换

$$I = \bar{\sigma}c\phi, \quad \sigma = \bar{\sigma}c\Delta, \quad \eta = \frac{x}{c}, \quad \tau = t - \frac{x}{c}. \tag{6.6.2}$$

将变换 (6.6.2) 代入系统 (6.6.1) 便有

$$\frac{\partial I}{\partial \eta} = (\sigma - \gamma)I, \quad \frac{\partial \sigma}{\partial \tau} = -\sigma I. \tag{6.6.3}$$

首先, 令

$$\bar{R}(\eta, \tau) = \int_{-\infty}^{\tau} I(\eta, \tau_1) \mathrm{d}\tau_1,$$

它的物理意义表示激光脉冲在区间 $(-\infty, \tau)$ 内的能量密度. 由 (6.6.3) 和激光脉冲放大器的性状, 不难得到

$$I = \frac{\partial \bar{R}}{\partial \tau}, \quad \sigma = \bar{\sigma}_0 \exp(-\bar{R}), \tag{6.6.4}$$

$$\frac{\partial \bar{R}}{\partial \eta} + \gamma\bar{R} - \bar{\sigma}_0 \left[1 - \exp(-\bar{R})\right] = 0, \tag{6.6.5}$$

其中 $\bar{\sigma}_0$ 为 σ 当 $\tau \to -\infty$ 时的值.

对应于方程 (6.6.5), 当 $\gamma = 0$ 时的情形为

$$\frac{\partial \tilde{R}}{\partial \eta} - \bar{\sigma}_0 \left[1 - \exp(-\tilde{R})\right] = 0, \tag{6.6.6}$$

它对应于激光脉冲传输无耗损的情形. 利用初等方法能得到方程 (6.6.6) 的解为

$$\tilde{R}_0(\eta, \tau) = \ln \left\{ 1 + \left[\exp\left(\bar{R}_0(\tau) \right) - 1 \right] \exp(\bar{\sigma}_0 \eta) \right\}, \tag{6.6.7}$$

其中 $\bar{R}_0(\tau)$ 为激光脉冲放大器输入端的能量密度, 即 $\bar{R}_0(\tau) = \tilde{R}_0(0, \tau)$.

为了得到系统 (6.6.1) 的近似解, 引入一个同伦映射 [48,49] $H(\bar{R}, s)$: $\mathbf{R} \times I \to \mathbf{R}$, $i = 1, 2$,

$$H(\bar{R}, s) = L(\bar{R}) - L(\tilde{R}_0) + s(L(\tilde{R}_0) - \bar{\sigma}_0(1 - \exp(-\bar{R}))), \tag{6.6.8}$$

其中 $\mathbf{R} = (-\infty, +\infty)$, $I = [0, 1]$, 而线性算子 L 为

$$L(\bar{R}) = \frac{\partial \bar{R}}{\partial \eta} + \gamma \bar{R},$$

并且 $\tilde{R}_0 = \tilde{R}_0(\eta, \tau)$ 为初始函数, 由 (6.6.7) 确定.

显然, 由式 (6.6.8), $H(\bar{R}, 1) = 0$ 与方程 (6.6.6) 相同, 故方程 (6.6.6) 的解 $\bar{R}(\eta, \tau)$ 就是 $H(\bar{R}, s) = 0$ 的解当 $s \to 1$ 时的情形.

现在令

$$\bar{R} = \sum_{i=0}^{\infty} \bar{R}_i(\eta, \tau) s^i, \tag{6.6.9}$$

将 (6.6.9) 代入 $H(\bar{R}, s) = 0$, 比较方程 $H(\bar{R}, s) = 0$ 关于 s 的同次幂系数. 由 s 的零次幂系数得

$$L(\bar{R}_0) = L(\tilde{R}_0). \tag{6.6.10}$$

于是由 (6.6.10), (6.6.7) 得到

$$\bar{R}_0(\eta, \tau) = \tilde{R}_0(\eta, \tau). \tag{6.6.11}$$

在 $H(\bar{R}, s) = 0$ 中, 关于 s 的一次幂系数得

$$L(\bar{R}_1) = -\gamma \bar{R}_0. \tag{6.6.12}$$

考虑到激光脉冲放大器的性状, 方程 (6.6.12) 的解为

$$\bar{R}_1(\eta, \tau) = -\gamma \int_{-\infty}^{\eta} \bar{R}_0(\eta_1, \tau) \exp\left(\gamma(\eta_1 - \eta) \right) \mathrm{d}\eta_1. \tag{6.6.13}$$

在 $H(\bar{R}, s) = 0$ 中, 关于 s 的二次幂系数得

$$L(\bar{R}_2) = \bar{\sigma}_0 \bar{R}_1 \exp(-\bar{R}_0). \tag{6.6.14}$$

于是方程 (6.6.14) 的解为

$$\bar{R}_2(\eta,\tau) = -\gamma\bar{\sigma}_0 \int_{-\infty}^{\eta}\int_{-\infty}^{\eta_1} \bar{R}_0(\eta_2,\tau)\exp(-\bar{R}_0(\eta_1,\tau)+\gamma(\eta_2-\eta))\mathrm{d}\eta_2\mathrm{d}\eta_1. \quad (6.6.15)$$

由式 (6.6.11), (6.6.13), (6.6.15) 及同伦映射理论, 便得到激光脉冲放大器在区间 $(-\infty,\tau)$ 内的能量密度 $\bar{R}$ 满足的方程 (6.6.6) 的二次近似解 $\bar{R}_{\mathrm{hom}}$ 为

$$\bar{R}_{\mathrm{hom}}(\eta,\tau) = \tilde{R}_0(\eta,\tau) - \gamma\int_{-\infty}^{\eta}\tilde{R}_0(\eta_1,\tau)\exp(\gamma(\eta_1-\eta))\mathrm{d}\eta_1$$
$$-\gamma\bar{\sigma}_0\int_{-\infty}^{\eta}\int_{-\infty}^{\eta_1}\tilde{R}_0(\eta_2,\tau)\exp(-\tilde{R}_0(\eta_1,\tau)+\gamma(\eta_2-\eta))\mathrm{d}\eta_2\mathrm{d}\eta_1. \quad (6.6.16)$$

由式 (6.6.4) 和式 (6.6.2), 便得到在有损耗下激光放大器增益通量系统 (6.6.1) 的光子数密度 ϕ 和反转粒子数密度 Δ 的二次近似 $\bar{\phi}_{\mathrm{hom}}, \bar{\Delta}_{\mathrm{hom}}$ 分别为

$$\bar{\phi}_{\mathrm{hom}}(x,t)$$
$$= \frac{1}{\kappa c}\left\{\frac{\partial}{\partial\tau}\left[\tilde{R}_0\left(\frac{x}{c},\tau\right) - \gamma\int_{-\infty}^{x/c}\tilde{R}_0(\eta_1,\tau)\exp\left(\gamma\left(\eta_1-\frac{x}{c}\right)\right)\mathrm{d}\eta_1\right.\right.$$
$$\left.\left.-\gamma\bar{\sigma}_0\int_{-\infty}^{x/c}\int_{-\infty}^{\eta_1}\tilde{R}_0(\eta_2,\tau)\exp\left(-\tilde{R}_0(\eta_1,\tau)+\gamma\left(\eta_2-\frac{x}{c}\right)\right)\mathrm{d}\eta_2\mathrm{d}\eta_1\right]\right\}_{\tau=t-x/c},$$
$$(6.6.17)$$

$$\bar{\Delta}_{\mathrm{hom}}(x,t)$$
$$= \frac{\bar{\sigma}_0}{\kappa c}\exp\left(-\tilde{R}_0\left(\frac{x}{c},t-\frac{x}{c}\right)\right) + \gamma\int_{-\infty}^{x/c}\tilde{R}_0\left(\eta_1,t-\frac{x}{c}\right)\exp\left(\gamma\left(\eta_1-\frac{x}{c}\right)\right)\mathrm{d}\eta_1$$
$$+\gamma\bar{\sigma}_0\int_{-\infty}^{x/c}\int_{-\infty}^{\eta_1}\tilde{R}_0\left(\eta_2,t-\frac{x}{c}\right)\exp\left(-\tilde{R}_0\left(\eta_1,t-\frac{x}{c}\right)+\gamma\left(\eta_2-\frac{x}{c}\right)\right)\mathrm{d}\eta_2\mathrm{d}\eta_1,$$
$$(6.6.18)$$

其中 $\tilde{R}_0(\eta,\tau)$ 由 (6.6.7) 表示.

继续用相同的方法, 还能得到激光脉冲放大器增益通量系统 (6.6.1) 的解的更高次近似.

为了说明用上述同伦映射方法得到的近似解的精度. 现在来考察激光放大器增益通量方程 (6.6.6) 在微扰状态下, $\gamma,\bar{\sigma}_0$ 是小参数的情形. 下面仅对激光脉冲在区间 $(-\infty,\tau)$ 内的能量密度 $\bar{R}$ 的二次近似的精度作讨论, 其他的物理量可以通过相应的解析运算来得到.

首先, 由同伦映射方法得到的近似解 (6.6.18) 可表示为

$$\bar{R}_{\mathrm{hom}}(\eta,\tau) = \tilde{R}_0(\eta,\tau) - \gamma\int_{-\infty}^{\eta}\tilde{R}_0(\eta_1,\tau)\mathrm{d}\eta_1$$
$$- \gamma\bar{\sigma}_0\int_{-\infty}^{\eta}\int_{-\infty}^{\eta_1}\tilde{R}_0(\eta_2,\tau)\exp(-\tilde{R}_0(\eta_1,\tau))\mathrm{d}\eta_2\mathrm{d}\eta_1$$

$$+ O(\gamma^2) + O(\bar{\sigma}_0^2), \quad 0 < \gamma, \bar{\sigma}_0 \ll 1, \tag{6.6.19}$$

下面用摄动方法来构造方程 (6.6.6) 的渐近解 R_{per}. 设

$$R_{\mathrm{per}} = \sum_{i=0}^{\infty} R_i'(\eta, \tau)\gamma^i, \quad 0 < \gamma \ll 1.$$

将上述代入方程 (6.6.6). 利用摄动方法, R_0', R_1' 满足

$$\frac{\partial R_0'}{\partial \eta} = \bar{\sigma}_0 \left[1 - \exp(-R_0')\right], \tag{6.6.20}$$

$$\frac{\partial R_1'}{\partial \eta} = \left[\bar{\sigma}_0 \exp(-R_0')\right] R_1' - R_0'. \tag{6.6.21}$$

由 (6.6.20) 得

$$R_0'(\eta, \tau) = \tilde{R}_0(\eta, \tau). \tag{6.6.22}$$

再令 $R_1' = \sum_{i=0}^{\infty} R_{1i}' \bar{\sigma}_0^i$, 并将它代入 (6.6.21), 按 $\bar{\sigma}_0$ 的零次、一次幂的系数分别相等可得

$$\frac{\partial R_{10}'}{\partial \eta} = -R_0', \quad \frac{\partial R_{11}'}{\partial \eta} = \exp(-R_0') R_{10}'.$$

于是

$$R_{10}' = -\int_{-\infty}^{\eta} \tilde{R}_0(\eta_1, \tau)\mathrm{d}\eta_1, \quad R_{11}' = -\int_{-\infty}^{\eta} \int_{-\infty}^{\eta_1} \tilde{R}_0(\eta_2, \tau) \exp(-\tilde{R}_0(\eta_1, \tau))\mathrm{d}\eta_2 \mathrm{d}\eta_1, \tag{6.6.23}$$

故由 (6.6.22), (6.6.23) 得

$$R_1' = -\int_{-\infty}^{\eta} \tilde{R}_0(\eta_1, \tau)\mathrm{d}\eta_1$$
$$- \bar{\sigma}_0 \int_{-\infty}^{\eta} \int_{-\infty}^{\eta_1} \tilde{R}_0(\eta_2, \tau) \exp(-\tilde{R}_0(\eta_1, \tau))\mathrm{d}\eta_2 \mathrm{d}\eta_1 + O(\bar{\sigma}_0^2), \quad 0 < \bar{\sigma}_0 \ll 1. \tag{6.6.24}$$

由 (6.6.22), (6.6.24), 方程 (6.6.6) 的摄动渐近解 R_{per} 为

$$R_{\mathrm{per}}(\eta, \tau) = \tilde{R}_0(\eta, \tau) - \gamma \int_{-\infty}^{\eta} \tilde{R}_0(\eta_1, \tau)\mathrm{d}\eta_1$$
$$- \gamma \bar{\sigma}_0 \int_{-\infty}^{\eta} \int_{-\infty}^{\eta_1} \tilde{R}_0(\eta_2, \tau) \exp(-\tilde{R}_0(\eta_1, \tau))\mathrm{d}\eta_2 \mathrm{d}\eta_1$$
$$+ O(\gamma^2) + O(\bar{\sigma}_0^2), \quad 0 < \gamma, \bar{\sigma}_0 \ll 1. \tag{6.6.25}$$

由两种方法得到的方程 (6.6.6) 的近似解 (6.6.19) 和 (6.6.25) 完全相同. 因此, 可以看出, 用同伦方法得到的对激光脉冲放大器的能量增益方程 (6.6.1) 的近似解也具有较好的精度.

参 考 文 献

[1] Walter W. Ordinary Differential Equations. New York: Springer-Verlag, 1998.

[2] Nayfeh A H. Introduction for Perturbation Techniques. New York: John Wiley & Sons, 1981.

[3] Holmes M H. Introduction to Perturbation Methods. New York: Springer-Verlag, 1999.

[4] Chang K W, Howes F A. Nonlinear Singular Perturbation Problems: Theory and Applications. New York: Springer-Verlag, 1984.

[5] de Jager E M, Jiang F R. The Theory of Singular Perturbation. Amsterdam: North-Holland Publishing Co., 1996.

[6] O'Malley Jr R E. Introduction to Singular Perturbation. New York: Academic Press, 1974.

[7] Nagumo M. Uber die Differentialgleichung $y'' = f(x, y, y')$. Proc. Phys. Math. Soc. Japan, 1937, (19): 861–866.

[8] Fife P C. Semilinear elliptic boundary value problems with small parameters. Arch. Rational Mech. Anal., 1973, (52): 205–232.

[9] Rudin W. Functional Analysis. New York: Mcgraw Hill Book Comp., 1973.

[10] O'Malley R E Jr. On boundary value problems for a singularly perturbed equation with a turning point. SIAM J. Math. Anal., 1970, 1: 479–490.

[11] O'Malley R E Jr. On initial value problems for nonlinear system of differential equations with two small parameters. Arch. Ration Math. Anal., 1971, 40: 209–222.

[12] Kelley W. Solution with spikes for quasilinear boundary value problems. J. Math. Anal. Appl., 1992, 170 (3): 581–590.

[13] DeSanti A J. Nonmonotone interior layer theory for some singularly perturbed quasilinear boundary value problems with turning points. SIAM J. Math. Anal., 1987, 18: 321–331.

[14] Jackson L K. Subfunctions and Second-Order Ordinary Differential Inequalities. Adv. In Math., 1968, 2: 307–363.

[15] Whittaker G B, Watson W. A Course of Modern Analysis. London and New York: Cambridge Univ. Press, 1952.

[16] Hale J. Theory of Functional Differential Equations. New York: Spriner-Verlag, 1977.

[17] 郑祖麻. 泛函微分方程理论. 合肥: 安徽教育出版社, 1994.

[18] 陈兰荪. 数学生态学模型与研究方法. 北京: 科学出版社, 1988.

[19] 鲁世平. 具非线性边界条件的 Volterra 型泛函微分方程边值问题奇摄动. 应用数学与力学, 2003, 24 (12): 1276–1284.

[20] 任景莉, 葛渭高. 具非线性边界条件的半线性时滞微分方程边值问题的奇摄动. 应用数学与力学, 2003, 24 (12): 1285–1290

[21] 鲁世平. 奇摄动非线性时滞微分方程边值问题. 数学研究与评论, 2003, 23(2): 304–308.

[22] Kuang Y. Delay differential equations with applications in population dynamics. Boston: Academic Press, 1993.

[23] Li Z, Han C Z. Global adaptive synchronization of chaotic systems with uncertain parameters. Chin. Phys., 2002, 11(1): 9–11.

[24] 王明新. 非线性抛物型方程. 北京: 科学出版社, 1993.

[25] Vasil'evava A B, Bututov V F, Kalachev L V. The Boundary Function Method for Singular Perturbation Problems, Studies in Applied Mathematics. Philadelphia: SIAM, 1995.

[26] Miller R K, Michel A N. Ordinary Differential Equations. New York: Academic Press, 1982.

[27] Bers L, John F, Schechter M. Partial Differential Equations, Lectures in Applied Mathematics, III, New York: Intersc. Publ., 1964.

[28] Friedrichs K O, Lewy H. Uber die Eindeutigkeit und das Abhangigkeitsgebiet der Losungen beim Anfangswertproblem linearer hyperbolischer Differentialgleichtungen. Math. Ann., 1928, 98.

[29] Geel R. Singular Perturbations of Hyperbolic Type. Mathematical Centre Tract 98. Amsterdam: C. W. I. Press, 1978.

[30] de Jager E M. Singular perturbations of hyperbolic type. Nieuw Archief Wiskunde, 1975, 23: 145–172.

[31] Geel R. Linear initial value problems with a singular perturbation of hyperbolic type. Proc. Roy. Soc. of Edinburgh, Section (A), 1981, 87 (3/4): 167–187.

[32] Lagerstrom P A. Matched Asymptotic Expansions. New York: Springer-Verlag, 1988.

[33] Jr Esham B F. A Hyperbolic Singular Perturbation of Burgers' Equation., Math.Sci., Virginia Commonwealth University, Richmond, Virginia. Preprint.

[34] Lax P D, Levermore C D. The zero dispersion limit for the Korteweg de Vries Equation. Proc. Nat. Ac. Sci. U.S.A. Mathematics, 1979, 76 (8): 3602–3606.

[35] de Groen P P N. Turning Points in Second-order Elliptic Singular Perturbation Problems. Lecture Notes in Math., 280. New York: Springer-Verlag, 1972.

[36] 莫嘉琪, 刘树德, 唐荣荣. 一类奇摄动非线性方程 Robin 问题激波的位置. 物理学报, 2010, 59 (7): 4403–4408.

[37] Mimura M, Nishiur Y, Yamaguti M. Some diffusive prey and predator systems and their bifurcation problems. Ann New York Acad. Sci., 1979, 316: 490–510.

[38] 莫嘉琪, 王莉婕, 林万涛. 一类非线性捕食–被捕食反应扩散系统. 中山大学学报, 2004, 3(4): 113–114.

[39] 莫嘉琪. 一个奇摄动催化反应问题. 数学杂志, 2000, 20(3): 253–258.

[40] Mo J Q. Singularly perturbed reaction diffusion problem for nonlinear boundary condition with two parameters. Chin. Phys., 2010, 19(1): 010203-1-4.

[41] Wang B, Barcilon A, Fan Z. Stochastic dynamics of EI Niño-southern oscillation. J. Atmos. Sci., 1999, 56 (1): 5–23.

[42] 封国林, 董文杰, 贾晓静等. 海-气振荡子中的极限环解. 物理学报, 2002, 51 (6): 1181–1185.

[43] 封国林, 戴新刚, 王爱慧等. 混沌系统中可预报性研究. 物理学报, 2001, 50 (4): 606–611.

[44] 莫嘉琪, 林万涛. ENSO 非线性模型的摄动解. 物理学报, 2004, 53 (4): 966–998.

[45] 刘仁红, 蔡希洁, 张志祥等. 激光脉冲放大器的增益通量曲线研究. 物理学报 , 2005, 54 (7): 3140–3143.

[46] 唐立家, 蔡希洁, 林尊琪. "神光 II" 主放大器中的波形控制. 物理学报 , 2001, 50(6): 1075–1079.

[47] Mo J Q. Homotopiv mapping solving method for gain fluency of a laser pulse amplifier. Science in China, Ser. G., 2009, 52(7): 1007–1010.

[48] Liao S J. Beyond Perturbation: Introduction to the Homotopy Analysis Method. New York: CRC Press Co., 2004.

[49] 何吉欢. 工程和科学中的近似非线性分析方法. 郑州: 河南科学技术出版社, 2002.

奇异摄动丛书书目